Dog wear for your beloved dog

為狗寶貝打造 22 款時尚造型

也想讓我家的小可愛穿上它！衣服 & 小物 全 22 items

商用販售 OK!

Contents

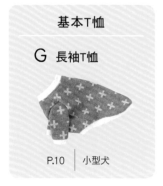

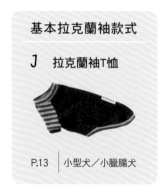

☙ Camisole

基本細肩帶款式

M 細肩帶上衣

細肩帶應用款

N 軛圈領削肩式上衣＆連身裙

P.16 ｜ 小型犬

P.17 ｜ 義大利格雷伊獵犬

Rompers

O 法國鬥牛犬專用連身衣

P.18 ｜ 法國鬥牛犬

P 義大利格雷伊獵犬專用連身衣

P.19 ｜ 義大利格雷伊獵犬

Outer clothes

Q 連帽鋪棉背心

For Boy   For Girl

P.20-21 ｜ 小型犬／小臘腸犬

R 活褶大衣

P.22 ｜ 小型犬

S 海軍風外套

P.23 ｜ 小型犬

T 牛角釦外套

P.24 ｜ 小型犬

Dog goods   P.25

U 拾便包

V 旅行＆緊急用托特包

Basic Tank top
🐾
坦克背心基本款

A
Striped tank top

條紋坦克背心

How to make : P.34

有附圖片的製作方法

接縫羅紋即可的簡單款式。
適合第一次嘗試製作的狗狗服，
不但簡單、也可以了解自家狗狗的大約實際尺寸。
選用不同圖案的布料時，也會產生不同的感覺，
請試著多挑戰看看。

B

坦克背心應用篇

Mesh tank top

附領巾的網眼材質
坦克背心

How to make：P.42

重點步驟解說

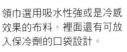

可防中暑，最適合夏天的服裝。
網眼素材即使往身上潑水，
只要一擰馬上速乾。
不會黏住身體的乾爽素材很適合狗狗。
避免領巾鬆動請直接固定在領圍上。

領巾選用吸水性強或是冷感
效果的布料。裡面還有可放
入保冷劑的口袋設計。

布料／TOMATO・knit_yamanokko・nekonokakurega・Dcompany 資材／CAPTAIN88・日本vilene

C

坦克背心應用篇

Tank top with frilled skirt

坦克背心蛋糕裙

How to make : P.44

坦克背心身片接縫小裙子，
多層次穿搭的感覺也很有趣。
裙子素材使用棉布或是網紗。
抽細褶分量盡量集中在中心處，
裙子輪廓會更輕盈蓬鬆。

可愛蕾絲的細褶設計超可愛。車縫羅紋布時一起拉伸車縫，這樣隨著羅紋伸縮就可以作出可愛的傘狀細褶。

D

Girl's manner pants

女孩用襯褲

How to make : P.46

和作品C一樣加入網紗設計的可愛小褲子。
自己製作這種實用款式，
就可以自由自在搭配出不同造型。
若要穿在尿布上，可選擇伸縮度佳的針織布，
並以稍微寬鬆的尺寸製作。

E

Tank top with balloon skirt

坦克背心小圓裙

How to make：P.41

短版上衣設計，搭配棉裙的款式。
輕薄布料很透氣，夏天穿起來也很涼爽。
下襬不是傘狀，而是燈籠裙造型，
不會太過甜美、也不分性別，
是很百搭的款式喔！

和裙子一套的髮帶，特別適合長毛或是長耳種類的狗狗。尤其是用餐時戴上髮帶，將耳朵拉至後方，就不會弄髒了，非常便利！

F

〔 坦克背心應用篇 〕

Sailor collar tank top with pants

海軍領背心連身褲

重點步驟
解說

How to make : P.47

加上海軍領設計的俏皮軍風款式。
領子上有線條設計，褲子也加上口袋，
連細節也非常講究。
書中特別公開領子如何完美製作的重點，
不要錯過囉！

Basic T-shirt

🐾

基本T恤

G

Long sleeve t-shirt

長袖T恤

How to make : P.50

重點步驟
解說

簡單的T恤，重點在袖子的接縫。
為了讓袖口完全貼合狗狗的腿，
故意將袖下和身片脇線錯開車縫，
更加方便穿脫喔！

＊作品C、E、F的T恤紙型的裙子或褲子上，
　也有附上剪接線條。

很具有存在感的高領設計，只要改變羅紋布的寬度，就可以有不同感
覺。寬幅設計更增添合身感，但要留意不同素材的羅紋布的伸縮率會有
所不同。

H

T恤應用篇

Puff sleeve t-shirt

燈籠袖T恤

How to make : P.51

選擇輕薄的蕾絲針織布，
可以製作出柔軟的燈籠袖款式。
身片袖圍請貼上止伸襯布條，
可以避免布料變形且方便車縫。
袖子的抽細褶設計，可以讓袖子更有型。

I

T恤應用篇

重點步驟
解說

Torchon lace t-shirt

蕾絲包邊T恤

How to make：P.52

袖口和下襬採用
具伸縮性的蕾絲織帶取代羅紋織帶。
給人高雅細緻的憐愛印象。
像圖片示範要整體使用同一種布料的話，
請選擇伸縮率高的布料會比較適合。

J

Raglan sleeve t-shirt

拉克蘭袖T恤

How to make : P.53

重點步驟
解說

附有拉克蘭袖的T恤，
是初學者也可以馬上上手的寬幅袖圍款式。
作品使用丹寧風和條紋的雙面布料。
如果採用兩種不同布料，
請注意厚度務必一致，比較好縫製。

K

拉克蘭袖應用篇

Layered sleeve hoodie

多層次假兩件連帽衫

How to make : P.54

重點步驟
解說

拉克蘭袖口不採用羅紋布，
而是選擇同帽子的內裡布重疊接縫，
就好像內搭著一件條紋T恤一樣。
帽繩搭配鉚釘金具，更顯帥氣。

L

Boy's manner belt

男用禮貌帶

How to make：P.57

和衣服選用同樣的布料，
穿上後即使露出也很帥氣。
裡布請選擇吸水性強的布料。
周圍採滾邊收邊，
只要多練習車縫幾次就會上手了。

M

Camisole

細肩帶上衣

How to make : P.58

身片頸圍穿上鬆緊帶後抽細褶，
製作出寬鬆的細肩帶上衣。
款式穿脫很方便，
不使用伸縮性的布料也OK。
透氣涼爽的棉質布料，
穿著時很乾爽，不會貼在身上，
最適合夏天散步的季節。

同身片布料的髮圈，是P.8的作品E。繫在脖子上，好像領結
一般，超可愛！

N

Halter neck shirt and dress

軛圈領削肩式上衣&
連身裙

How to make : P.60

挺拔的義大利格雷伊獵犬，
很適合軛圈領與削肩的款式。
沿著身體輪廓，在後身片設計了褶子，
女孩款則添加搖曳可愛的裙子。
從頭部套上即可穿戴，非常方便。

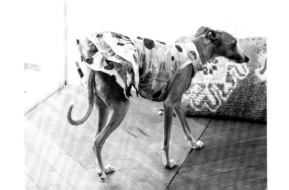

Rompers

🐾

連身衣款

O

Rompers for French Bulldog

法國鬥牛犬專用
連身衣

How to make : P.63

重點步驟
解說

短毛的法國鬥牛犬，體質很怕冷，最適合穿著連身衣。
因為沒有尾巴，後身片會很容易移位，
刻意剪短衣長，下襬縫上鬆緊帶固定，
就不用擔心屁屁弄髒了！
尾巴的毛球裝飾，可以取下方便清洗。

P

Rompers for Italian Greyhound

義大利格雷伊獵犬
專用連身衣

How to make：P.66

重點步驟
解說

義大利格雷伊獵犬毛較短少，非常的怕冷。
冬天外出散步時，絕對缺少不了這款保暖連身衣。
性格也非常活潑好動，
所以從脇邊到四肢加上羅紋布，會更合身。
狗狗帥氣的氣質，很適合選擇大膽搶眼的圖案布料。

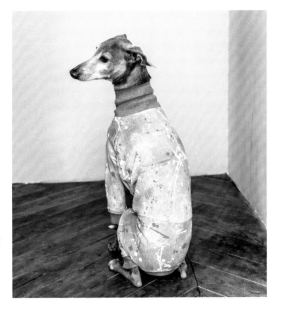

為了符合高瘦的體型，
後身片和褲子部分為接
縫設計。

Outer clothes
🐾
外套

Q
Hooded down vest
連帽鋪棉背心

How to make : P.74

For Boy

表面選擇輕薄尼龍布，
內裡選擇厚實短毛布的溫暖背心，
搭配紅色滾邊給人俏皮休閒感。
身片裡放入鋪棉，
壓上裝飾線就是一款既保暖又帥氣的鋪棉背心。

布料／TOMATO・nekonokakurega 資材／清原・日本vilene

For Girl

SSS至S尺寸的小體型狗狗，
較適合選用輕薄棉布素材，
方便活動，穿起來也舒服。
而且比起尼龍布更好車縫，
非常適合初學者。

R

Tuck coat

活褶大衣

How to make : P.68

重點步驟
解說

背後有可愛的活褶設計，
搭配上俏皮蝴蝶結的寬鬆時尚大衣。
為了突顯袖山的細褶，
請選擇中厚材質的羊毛或針織壓縮布料。
胸前可愛的寶石釦，若改為毛球設計也很洗練。

S

Pea coat

海軍風外套

How to make : P.70

重點步驟
解說

背後和袖口裝上釦絆，
超級英挺帥氣，搭配暗釦設計，
更加容易穿脫。
洗練的復古古銅釦子，
更讓大衣增添英倫風。

T

Duffle coat

牛角釦外套

How to make：P.72

重點步驟
解說

採用溫暖的羊毛布料，
製作出時尚高雅的款式！
牛角釦設計和連帽款式，
像這種小小的細節
更可以引人注目。

U

Manner pouch

拾便包

How to make : P.78

散步一定要攜帶的拾便包。表面使用
壓縮布料，裡布是除臭加工布料。足
夠放置小型犬兩次份排泄物，多製作
幾個送給狗友，也是增進友誼的好方
法。

V

Tote bag

旅行&緊急用托特包

How to make : P.77

旅行時、或是緊急時候的避難袋，
不論尿布或是拾便包都可以輕鬆收
納的大容量托特包。表布為防水加
工棉布，裡布也有防潑水功能，淋
到水也不用擔心。

狗狗模特兒的 Profile

出現在本書中狗狗們的尺寸介紹，可以以此參考想製作的衣服大小。

A 條紋坦克背心

calm
迷你雪納瑞

頸圍	32cm	背長	34cm
胸寬	46cm	體重	8kg

穿著 LL尺寸

B 附領巾的網眼材質 坦克背心

yae
法國鬥牛犬

頸圍	37cm	背長	30cm
胸寬	56cm	體重	8.8kg

穿著 M尺寸

C and D 坦克背心蛋糕裙 女孩用襯褲

tantan
玩具貴賓犬

頸圍	18cm	背長	24cm
胸寬	29cm	體重	1.6kg

穿著 SSS尺寸

E 坦克背心小圓裙 和髮帶

bero
法國鬥牛犬

頸圍	23.5cm	背長	28.5cm
胸寬	34cm	體重	2.7kg

穿著 S尺寸
*胸寬縮小3cm。

F 海軍領背心連身褲

grazie
迷你雪納瑞

頸圍	26cm	背長	32cm
胸寬	40cm	體重	5.6kg

穿著 L尺寸

G 長袖T恤

ann
玩具貴賓犬

頸圍	26cm	背長	29cm
胸寬	40cm	體重	4kg

穿著 S尺寸
*胸寬放大2cm。

H 燈籠袖T恤

momo
吉娃娃

頸圍	22cm	背長	26cm
胸寬	34cm	體重	2.6kg

穿著 SS尺寸

I 蕾絲包邊T恤

bibi
約克夏

頸圍	24cm	背長	30cm
胸寬	38cm	體重	3.8kg

穿著 S尺寸

（拉蘭袖 T恤 image – J）

J 拉克蘭袖T恤

inu
小臘腸犬

頸圍	25cm	背長	35cm
胸寬	40cm	體重	4.2kg

穿著 DS尺寸

K and L 多層次假兩件連帽衫 男用禮貌帶

chanta
玩具貴賓犬

頸圍	24cm	背長	31cm
胸寬	37cm	體重	3.2kg

穿著 S尺寸
*胸寬縮小2cm，所以帽領圍也要修正。

M 細肩帶上衣

jun
瑪爾濟斯

頸圍	24cm	背長	30cm
胸寬	38cm	體重	4.5kg

穿著 S尺寸

N 軛圈領削肩式上衣

parks
義大利格雷伊獵犬

頸圍	28cm	背長	38cm
胸寬	47cm	體重	5.8kg

穿著　M尺寸

*胸寬放大2cm。

N 軛圈領削肩式連身裙

shane
義大利格雷伊獵犬

頸圍	26cm	背長	37cm
胸寬	46cm	體重	5.5kg

穿著　M尺寸

*衣長加長2cm。

O 法國鬥牛犬專用
連身衣

nana
法國鬥牛犬（咖啡色）

頸圍	40cm	背長	30cm
胸寬	58cm	體重	10kg

穿著　M尺寸

*衣長縮短4cm。

O 法國鬥牛犬專用
連身衣

ann
法國鬥牛犬（黑色）

頸圍	38cm	背長	27cm
胸寬	55cm	體重	9kg

穿著　M尺寸

*衣長縮短4cm。

P 義大利格雷伊獵犬專用
連身衣

kogorou
義大利格雷伊獵犬

頸圍	30cm	背長	38cm
胸寬	47cm	體重	6.2kg

穿著　L尺寸

*胸寬縮小2cm。

Q 連帽鋪棉背心

wan
小臘腸犬

頸圍	23cm	背長	31cm
胸寬	36cm	體重	3.2kg

穿著　DS尺寸

*胸寬縮小3cm，衣長縮短3cm，帽領
　圍也需要一起修改尺寸。

Q 連帽鋪棉背心

coco
吉娃娃

頸圍	22cm	背長	26.5cm
胸寬	32cm	體重	2.1kg

穿著　SS尺寸

R 活褶大衣

amu
玩具貴賓犬

頸圍	19cm	背長	25cm
胸寬	29cm	體重	1.8kg

穿著　SSS尺寸

*衣長縮短1cm。

S 海軍風外套

miru
MIX

頸圍	23cm	背長	28cm
胸寬	38cm	體重	3.2kg

穿著　S尺寸

T 牛角釦外套（咖啡色）

towa
迷你雪納瑞

頸圍	32cm	背長	35cm
胸寬	50cm	體重	8.5kg

穿著　LL尺寸

T 牛角釦外套（紅色）

suzu
迷你雪納瑞

頸圍	26cm	背長	35cm
胸寬	44cm	體重	5.3kg

穿著　L尺寸

*衣長增加2cm。

布料和素材

為了製作方便穿脫又舒適的衣服，挑選適合的布料非常重要。在此特別介紹各種布料和素材。

🐾 適合製作身片的布料

● 圓筒編織針織布

兩面編織，具有適當的伸縮性。細緻且滑順的布面，使用家庭縫紉機就可製作。製作T恤或是連身衣都很適合。

使用作品／I（P.12）

● 背面短毛針織布

背面為環狀編織，表面為平面的針織布。環狀感小巧，布料很輕薄，適合製作各種款式的服裝。

使用作品／A（P.4）

● 背面起毛針織布

雖然同樣是背面為環狀編織，但圓環較大，比較適合作為單穿的連帽衫款式。

使用作品／K（P.14）

● 刷毛針織布

布料背面刷毛加工設計，不但溫暖且柔軟。非常適合冬天穿著的保暖連身衣。

使用作品／O（P.18）

● 提花針織布

素面・素面提花

彩色提花

素面或是雙色以上的提花針織布。非常搶眼，適合製作成外出服。要注意的是比較厚的素材，可能伸縮性較低，在購買時要特別留意。

素面・素面提花 使用作品／C（P.6） 彩色提花 使用作品／G（P.10）

🐾 適合製作裙子和褲子的布料

裙子

● 印花布料

棉或麻的材質。輕薄的棉質布不易變形，時尚又有型。因為沒有伸縮性，不適合合身設計的款式。

使用作品／E（P.8）

褲子

● 平紋針織布

這種平紋針織布要選擇中厚材質，若太薄的話，褲子會看起來沒有分量，或是丹寧針織布也很OK。

使用作品／F（P.9）

關於布料的Q&A

Q 布料需要過水嗎？

一定要過水，針織布和亞麻布浸泡於水中10分鐘左右，拿起輕輕擰乾即可。深色棉布或丹寧針織布，則必須放入洗潔劑以洗衣機清洗。

Q 在什麼情況下，狗狗衣服需要使用黏著襯呢？

針織布接縫時，或是想作出硬挺感時可以使用。狗狗服裝比較適合薄至中厚度的黏著襯。

本書使用的黏著襯種類是針織材質的軟質黏著襯。

Q 哪一種針織布適合初學者使用呢？

針織布或短毛針織布比較適合初學者縫製。請注意選擇布料時，一定要檢查布料的伸縮度。若彈性太高會不好縫製，而彈性太低時，穿起來會不舒適，請選擇中度彈性最好。

Q 狗狗服的製作訣竅是什麼呢？

善用止伸襯布條，在車縫時特別便利，尤其是在縫製下襬或羅紋布時。肩膀線條下垂的狗狗，可以將止伸襯布條貼在領圍處，防止縫製時移位。

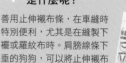

Q 車縫針織布料時，要使用什麼縫線呢？

使用針織布專用（50號）縫線，用於棉布和針織布接縫也沒有問題。

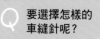

Q 要選擇怎樣的車縫針呢？

使用針織布專用車縫針。薄或一般布料使用11號車縫針，厚布料使用14號車縫針。

😺 適合製作彈性裝飾或滾邊的布料

主要使用
圓筒編織針織布
或針織羅紋布

一般羅紋布通常用在製作狗狗服的領圍或袖圍、袖口、下襬上，而包捲布邊就稱為滾邊。常使用的布種是圓筒編織針織布或針織羅紋布。一般圓筒編織針織布為平面，針織羅紋布則有凹凸感。雖然可依自己喜好選擇，但滾邊時選擇一般針織布比較適合。請注意必須配合身片厚度，調整布料的厚薄度。

羅紋布

針織材質或短毛針織製作的羅紋布請選擇40支，厚的布料請選擇30支。搭配另一種條紋布時，請務必注意布料的彈性強度。

滾邊

要選擇輕薄的針織材質。若身片布料太薄，請選擇60支的；或比較厚則選擇40支的。肩繩部位需要彈性強的滾邊，所以請用雙羅紋針織布較合適。

伸縮蕾絲織帶

伸縮性強的蕾絲鬆緊織帶，比一般彈力多兩倍。可代替羅紋織帶，創造出不同氛圍。

● 40支
圓筒編織針織布

使用作品／C（P.6）

● 30支
針織羅紋布

使用作品／A（P.4）

● 條紋羅紋布

使用作品／G應用款（P.10）

● 60支針織布

使用作品／D（P.7）

● 40支針織布

使用作品／B（P.5）
Q（P.20）

● 40支
雙羅紋針織布

使用作品／M（P.16）

←　　→

一般時　　　拉到最長時

使用作品／I（P.12）

😺 防熱・防寒布料

● 網狀素材
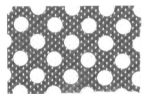
只要沾水就可以降低體溫，非常適合用來製作夏天的服裝。網眼布很清爽，穿著時不會黏在身上。
使用作品／B（P.5）

● 羊毛布

適合製作大衣。SSS至S的尺寸，請選擇不厚重的中厚度以下布料，M至LL尺寸，運用厚布料，則可以製作出時尚又好看的大衣。
使用作品／T（P.24）

● 尼龍布

不易損壞又輕盈的合成布料，用在作品Q的鋪棉外套表布上。請選擇類似環保袋的輕盈材質。
使用作品／Q（P.20）表布

😺 適合製作小物的素材

● 樹脂防污加工布料

棉或麻表面貼上樹脂等透明膜的布料。雖然不能洗，但不會輕易弄髒，也有防水效果。
使用作品／U（P.25）表布

● 消臭墊

可以除臭的素材。這本書使用的是使用過後放在陽光下曝曬，就可以恢復除臭機能。
使用作品／U（P.25）裡布

😺 其他

● 圈圈毛巾素材

表面為圈圈狀纖維，就像毛巾的布料。舒適觸感，最適合製作貼身款式。
使用作品／L（P.15）裡布

必要的工具

製作愛犬服裝所需要的工具。

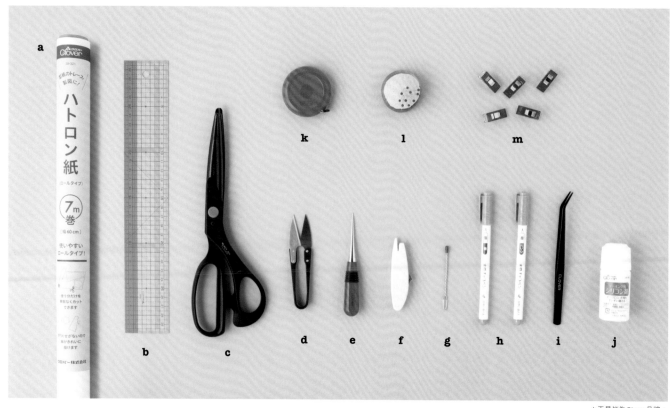

*工具皆為Clover品牌。

a 描圖紙 放在紙型上方複製描繪，剪下後用來製作服裝。

b 尺 描繪紙型時一定需要的工具。方格尺可以輕易知道尺寸，描繪縫份很方便。30至40cm的尺最好用。

c 裁布剪刀 專門裁剪布料的剪刀。

d 紗剪 專門裁剪縫線或線頭的剪刀。

e 錐子 用來製作口袋、褶子位置記號、或製作完美邊角等不可或缺的工具。

f 拆線刀 拆線專用。

g 穿繩器 穿繩或是穿鬆緊帶的輔助工具。

h 消失筆 在布料上製作記號時使用。有遇水，記號線就可消失的水消筆；也有隨著時間會慢慢消失的氣消筆。記得使用前，先在布邊試試。

i 鑷子 用在布料上會較不易滑動。車縫針織布或羅紋布時，輔助布料車縫的工具。

j 縫紉用 矽利康潤滑劑 縫製防水加工布料小物時，使用潤滑劑可輔助順利車縫。塗在車縫針或壓布腳上，即可滑順地車縫布料。

k 捲尺 測量尺寸或布料大小時使用。

l 珠針 用來固定布料接縫位置，不易移位且能輔助順利車縫。搭配針插一起使用更方便。

m 強力夾 接縫時固定用。使用羅紋布時，搭配強力夾，一邊車縫一邊拉伸，可牢固地輔助固定。單手也可以簡單使用的方便道具。

便利道具

輪刀
可以正確裁剪布料。在製作斜紋布條時，非常便利的工具。搭配裁尺一起使用，更方便裁剪。

裁布專用尺
擁有製作斜紋布條必須的45°對角線。搭配輪刀一起使用，刀刃沿著溝槽，即可切割出筆直直線。

尺寸測量方法
選擇方法

參考下列尺寸，選擇適合自己愛犬的體型。

🐾 測量部位

①② 頸圍

測量頸圈下來最粗的位置。一般初學者容易選擇錯誤的②處測量，請一定要測量①處。

③ 胸寬

前腳脇邊下，測量最粗的部位。

④ 背長

從①處開始到尾巴的長度。記住不要從②處測量，尺寸會變動很大。

測量愛犬身體尺寸的注意點

1　一定要站立測量。
2　不可完全壓住毛髮，稍稍按壓即可。

🐾 身體尺寸選擇優先順序

優先順序 ←─────────

背長	胸寬	頸圍
④	③	①

如果背長、胸寬、頸圍都不一樣時，請優先選擇背長作為第一考慮因素。

不知如何選擇尺寸時

不知如何選擇尺寸時，請優先選擇大一號的尺寸。例如背長24.5cm的狗狗，不知要選擇SSS（背長22至24cm）或SS（背長25至27cm）時，請使用較大的SS尺寸紙型。

🐾 狗狗尺寸表　　（單位＝cm）

對應犬種	小型犬	吉娃娃、玩具貴賓犬、約克夏、瑪爾濟斯、迷你雪納瑞				
	SSS	SS	S	M	L	LL
頸圍	19-21	20-22	22-25	25-28	28-31	31-34
胸寬	29-31	32-34	35-38	39-42	43-46	47-50
背長	22-24	25-27	27-29	30-31	32-34	34-36

對應犬種	法國鬥牛犬		
	S	M	L
頸圍	32-36	36-40	40-43
胸寬	50-54	55-59	60-64
背長	30	32	34

義大利格雷伊獵犬		
S	M	L
22-24	24-26	26-28
41-43	44-46	47-50
35	38	41

小臘腸犬		
DS	DM	DL
24-27	27-30	30-33
37-40	41-44	45-48
35	38	41

關於成品尺寸

本書中的作品在裸體尺寸上增加了鬆份，以方便移動和舒適度（每件作品的鬆份分量不同）。

修正紙型的方法

測量尺寸時，如果背長是S、而胸寬M時，請參考下圖方法，尺寸不同部分依據體型，來修正紙型。

🐾 胸寬加大的情況時　＊依背長選擇的紙型來修正尺寸。

●後身片

〔加大尺寸×2/3〕cm

後身片

紙型後中央線

後中心摺雙

（整體加大 3cm時）+1cm

後中心線往外側移動加寬。

例如…整體想加大3cm時，後中心線往外側移動2cm，紙型只有一半（圖中摺雙的地方），所以就是沿後中心線往外側移動1cm。

●前身片

〔加大尺寸×1/3〕cm

前身片

紙型前中央線

前中心摺雙

+0.5cm

（整體加大 3cm時）

前中心線往外側移動加寬。

例如…整體想加大3cm時，前中心線往外側移動1cm，紙型只有一半（圖中摺雙的地方），所以就是沿前中心線往外側移動0.5cm。

Point

●如何修正頸圍尺寸？

如果是由紙型中心線修正胸寬時，也會一併修正到頸圍，所以沒有必要特別處理。但是如果是加大胸寬，會造成頸圍尺寸變得太寬，請依照P.33調整羅紋長度。

●如何修正四肢袖襱尺寸？

修正袖襱尺寸有點複雜，沒有在這本書說明。但是通常只要修正胸寬即可，四肢尺寸通常變化不大。

●如何修正胸寬尺寸？

依據背長選擇的紙型來調整胸寬尺寸時，最多只能跳一個尺寸。（背長SS尺寸只能增加到S尺寸）。如果相差兩個尺寸，請選擇背長和胸寬的中間（背長SS胸寬M的話就選S製作），將身長改短、胸寬加寬即可（縮小尺寸也是使用此方法製作）。

🐾 胸寬改小的情況時　＊依據背長選擇的紙型來修正尺寸。

●後身片

〔縮小尺寸×2/3〕cm

後身片

後中心摺雙

紙型後中央線

（整體縮小 3cm時）-1cm

後中心線往內側移動縮小。

例如…整體想縮小3cm時，後中心線往內側移動2cm，紙型只有一半（圖中摺雙的地方），所以就是沿後中心線往內側移動1cm。

●前身片

〔縮小尺寸×1/3〕cm

紙型前中心線

前中心摺雙

前身片

-0.5cm

（整體縮小 3cm時）

前中心線往內側移動縮小。

例如…整體想縮小3cm時，前中心線往內側移動1cm，紙型只有一半（圖中摺雙的地方），所以就是沿前中心線往內側移動0.5cm。

●修正頸圍線條

重新描繪

紙型縮小的部分

前後中心線均往內側移動，會造成頸圍弧度變大時，記住裁剪肩線，並重新畫上自然的弧度。不要忘記前後肩線寬度必須一樣。

＊自然描繪頸圍弧度（上圖為前身片，後身片作法相同）。

● 避開下襬弧度縮短身長

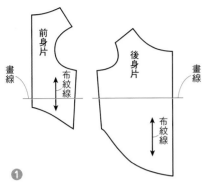

❶

前後身片紙型正中心，畫出垂直布紋的直線（布會影響到下襬弧度的脇邊位置）。

❷

於步驟❶畫線位置，摺疊要縮小的尺寸的1/2分量。

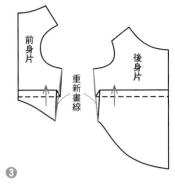

❸

將摺疊起來的脇邊線重新修順。

Point

● 縮短身長尺寸的極限？

基本上最多修改3cm。若再加大，袖襱會變形，穿起來會不舒服，只有法國鬥牛犬例外。比起體型縮短3cm以上也沒有關係。因為不改短的話，屁股周圍會弄髒。

● 增加身長尺寸的極限？

如果先選擇較小胸寬尺寸，再來更改身長長度，可能會造成袖襱尺寸太大導致活動不方便，依據背長尺寸選擇紙型，並參考P.32步驟，縮小胸寬尺寸即可。

修正胸寬尺寸

修正胸寬尺寸，連帶頸圍和下襬寬也會改變。如果有接縫羅紋布或是領子，請依照下記方法調整紙型。

● 調整羅紋布

▶ 加大胸寬尺寸時

加大頸圍或下襬寬度時，因為羅紋布有彈性，所以沒有問題。如果擔心頸圍羅紋布太緊，可以加長羅紋布尺寸0.5至1cm。

▶ 縮小胸寬尺寸時

頸圍或下襬寬度縮小的話，羅紋布分量也會變多，請縮短羅紋布長度0.5cm。如果有必要也可以縮短1cm。

● 調整頸圍

＊此圖為作品F的領子。作品S也是同樣作法。

▶ 胸寬加大時

自然銜接弧線

加大胸寬的尺寸

▶ 胸寬縮小時

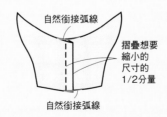

自然銜接弧線

摺疊想要縮小的尺寸的1/2分量

自然銜接弧線

胸寬改變的分量從紙型中心線左右均等加大（縮小），再自然銜接弧線。

● 調整帽子

▶ 胸寬加大時

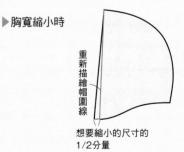

重新描繪帽圍線

想要加大的尺寸的1/2分量

▶ 胸寬縮小時

重新描繪帽圍線

想要縮小的尺寸的1/2分量

如上圖所示將改變1/2分量長度，延長增加在帽圍處（或縮小），沿頂點重新修順線條就好。

作品 A　基本款坦克背心的製作

運用圖片詳細解說基本款坦克背心及條紋坦克背心的製作方法。
對於追求合身設計款式的狗狗服來說，羅紋布的運用將是最主要的成敗關鍵。
請善用這本書，徹底學會羅紋布車縫方法吧！

Photo：P.4

原寸紙型
小型犬　A面
法國鬥牛犬　B面
小臘腸犬　D面

完成尺寸（cm）

小型犬	頸圍	胸寬	身長
SSS	20.5	31.5	23.5
SS	23	35	27
S	25	39	28
M	28	44	31
L	31	47.5	33.5
LL	34	51	35

法國鬥牛犬	頸圍	胸寬	身長
S	35.5	55	30.5
M	39	60	33.5
L	42.5	64.5	35.5

小臘腸犬	頸圍	胸寬	身長
DS	27	41	36.5
DM	30	45	39.5
DL	33	48.5	42.5

裁布圖

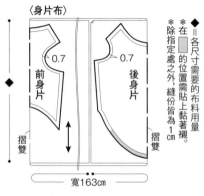

〈身片布〉

0.7　0.7

前身片　　後身片

摺雙　　摺雙

寬163cm

＊＊ ＝ 在 的位置需貼上黏著襯。

＊各尺寸需要的布料用量

◆ ＝ 除指定處之外，縫份皆為1cm。

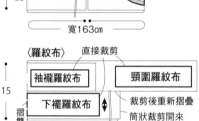

〈羅紋布〉　直接裁剪

袖襱羅紋布　　頸圍羅紋布

下襬羅紋布　　裁剪後重新摺疊
筒狀裁剪開來

15

摺雙

寬96cm

材料（cm）

● 身片布　40／20短毛針織布三色條紋水洗加工布（AquaPrincess）ⓐ

小型犬	寬163cm	SSS 35	SS 35	S 40	M 40	L 45	LL 45
法國鬥牛犬	寬163cm	S 40			M 45		L 50
小臘腸犬	寬163cm	DS 45			DM 50		DL 55

● 羅紋布　30／霜降灰色針織羅紋布ⓐ

所有犬種共通	寬48cm（W）	全尺寸 15

● 其他　1.2cm止伸襯布條ⓑ SSS～SS 30cm／S～LL 35cm

●羅紋布各尺寸

小型犬	下襬	頸圍	袖（2片）
SSS	31×5	17×5	11×4
SS	37×5.5	19×5	14×4.2
S	40×6	21×5.5	16×4.5
M	44×6	24×6	18×4.5
L	48×6	26×6	19×4.5
LL	51×7	28×6	21×4.5

法國鬥牛犬	下襬	頸圍	袖（2片）
S	53×6	30×5	22×4.5
M	58×6	34×5	24×4.5
L	62×6	37×5	25×4.5

小臘腸犬	下襬	頸圍	袖（2片）
DS	45×6	25×5	20×4.5
DM	48×6	27×5	22×4.5
DL	50×6	30×5	24×4.5

🐾 裁剪和車縫前的準備

＊為了便於解說辨識，選用了顏色明顯的縫線。
＊圖片內的數字單位皆為cm。

🐾 裁剪

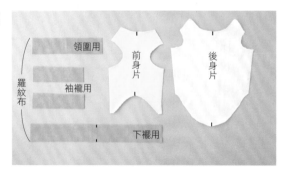

領圍用

前身片　　後身片

羅紋布

袖襱用

下襬用

1　放上描圖紙描繪來製作紙型。依據裁布圖指示的縫份尺寸，畫上縫份後裁剪。（布紋線或合印記號都必須填上）

2　將描繪好縫份的紙型放在布料上（請先完全攤開，放上所有紙型確認布料是否充足），以珠針或文鎮固定紙型，裁剪布料。

🐾 製作記號

身片和下襬羅紋中心點作上記號。不可以剪牙口，而是用消失筆作上記號。縫份太過狹小，如果剪牙口，可能會導致布料損傷。

🐾 後身片下襬貼上止伸襯布條

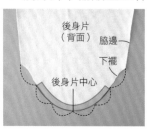

後身片（背面）

脇邊

下襬

後身片中心

止伸襯布條如圖片在脇邊只貼上2/3。全部貼上會導致彈性降低，不方便穿脫。

🐾 車縫方法

1 車縫脇邊和肩線

1
前後身片脇邊正面相對疊合，用強力夾加以固定。

前身片（背面）
後身片（正面）

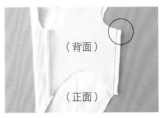
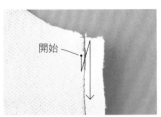

（背面）
（正面）
開始

2 車縫脇邊。針織布料車起來比較不滑順，尤其車縫針還容易卡在布目裡。從手側前方布料側開始車縫，一開始需回針縫2至3針後，再開始縫製會比較順利。

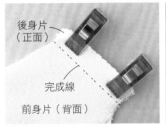

後身片（正面）
完成線
前身片（背面）

3 肩線和脇邊也以相同方法車縫，請務必沿著完成線接縫。（前後身片袖襱弧度不一樣，接縫時很容易錯位，請特別留意）

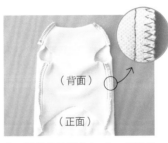

（背面）
（正面）

（正面）
0.5
（背面）

4 肩線和脇邊各自2片一起進行Z字形車縫，倒向後身片。

5 翻至正面，肩線和脇邊各自壓線。

2 製作羅紋

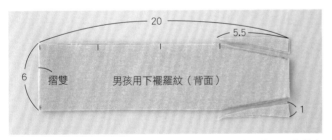

20
5.5
6
摺雙
男孩用下襱羅紋（背面）
1

1 男孩用下襱羅紋，要如上側羅紋布般裁剪四面邊角使用。裁剪大約寬度就好。正面相對對摺，橫約剪掉1/4，長剪掉1/6分量（圖片是S尺寸）。

mini column

下襱羅紋布弧度依據要給男孩或女孩來區別製作

接縫線（中央）
越來越細
男孩

接縫線（中央）
同樣寬度
女孩

男孩和女孩不一樣部分，就是小便方式不同，可能會弄髒下襱。男孩用前下襱羅紋接縫線寬度（前中心）要越來越細。女孩用則可用等寬寬度的滾邊製作。

0.5
下襱羅紋布（背面）

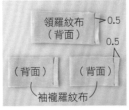

領羅紋布（背面）0.5
0.5
（背面）（背面）
袖襱羅紋布

2 車縫步驟**1**單側邊端後摺雙。領子和袖襱都依同樣方法製作。

（背面）（背面）

3 以指甲將步驟**2**縫份分開攤平。

接縫側
（正面）
摺雙

4 翻至正面。背面相對對摺（圖片是下襱羅紋。領圍、袖襱也依步驟**3**·**4**方法製作）。

35

3 接縫羅紋布　*第一次縫紉的初學者，可以先從較簡單、長度較長的下襬羅紋布開始車縫。

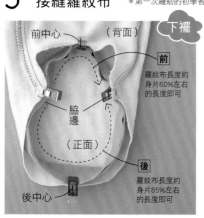

前中心　（背面）
【下襬】
前
羅紋布長度約
身片60%左右
的長度即可
脇邊
（正面）
後
羅紋布長度約
身片85%左右
的長度即可
後中心

1　身片和下襬正面相對疊合，羅紋布接縫線對齊前中心以強力夾固定。接下來以脇邊接縫線為界線，前身片拉緊一點、後身片則寬鬆一點固定。

*羅紋布長度分布，前側約前下襬長度60%，後羅紋則為後身片長度的85%左右。

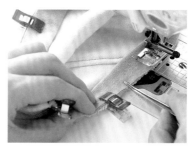

2　對齊固定好的長度。為避免移位，一邊車縫時，請搭配夾子一邊調整布料長度。前後身片依據羅紋鬆緊度也會不同。腹側特別合身，背面則較寬鬆方便活動，製作出恰到好處的弧狀下襬。

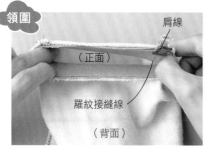

【領圍】
肩線
（正面）
羅紋接縫線
（背面）

3　領羅紋布和身片正面相對疊合，羅紋接縫線和身片肩線對齊（左或右邊即可），沿著領圍拉著羅紋布加以固定。

4　同下襬作法，領羅紋布也需要調節前後片的長度。以身片接縫線為界線，SSS・SS尺寸前身片側羅紋布約往後身片移動0.8cm左右，S至LL尺寸約移動1cm左右，再以強力夾重新固定。

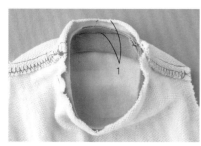

5　依步驟**2**要領，車縫領子。前身片側羅紋短些，後身片側羅紋長度長一點，後領才不會有多餘皺褶，可以貼合在頸圍上。

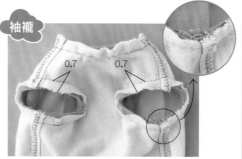

【袖襱】
0.7　0.7

6　袖襱羅紋接縫線比起身片脇邊線往前錯開0.5cm左右以強力夾固定。SSS・SS尺寸均等車縫即可。S至LL前身片羅紋車縫時，稍稍往後片拉緊一點車縫，同步驟**2**要領。

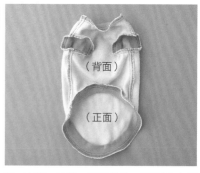

（背面）
（正面）

7　下襬、袖襱、領圍縫份一起進行Z字形車縫。

4 完成

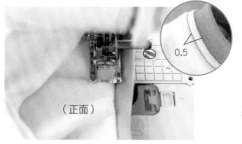

0.5
（正面）

下襬、袖襱、領圍縫份倒向身片側，在正面壓裝飾線。

side

front

完成

🐾 滾邊作法

摺雙　滾邊布（背面）　0.5

① 滾邊布正面相對對摺，車縫一端後燙開縫份。

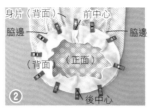

身片（背面）　前中心
脇邊　　　　　　　　脇邊
（背面）（正面）
後中心

② 同P.36 **3-1**步驟身片和滾邊布以強力夾固定，下襬羅紋也依同樣作法對齊滾邊布。

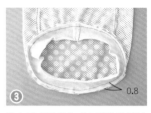

0.8

③ 依自己喜愛從左或右邊的脇邊接縫線開始車縫。依照P.36 **3-2**要領一邊拉滾邊布一邊車縫。

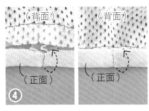

（背面）（背面）
（正面）（正面）

④ 縫份倒向滾邊布側，滾邊布沿身片下襬摺疊上去，接著沿步驟**3**縫線再次摺疊。

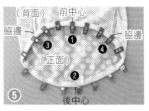

（背面）前中心
脇邊　　　　　　　脇邊
❸ ❶ ❹
（正面）
❷
後中心

⑤ 摺疊的滾邊布依照前後中心、兩脇邊順序以強力夾固定。

0.1

⑥ 從內側看上去，壓裝飾線。

🐾 袖子的接縫方法（長袖·拉克蘭袖共通）

🐾 袖下車縫方法

＊圖片為拉克蘭袖作法，長袖作法相同。

袖口羅紋　背面袖子

① 袖下正面相對疊合車縫。為避免袖子和羅紋位置移位，請事先以珠針加以固定。

② 約0.3～0.5

羅紋縫份倒向後袖側，壓裝飾線。這樣袖口就會呈完整的弧度。

🐾 身片和袖子接縫方法

長袖

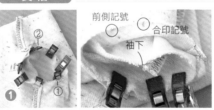

前側記號　合印記號
袖下
② ①

① 確認身片和袖子前側的記號，①對齊身片和袖下合印記號②對齊肩線和袖山線以強力夾固定。

② 從內袖開始接縫袖襱線（縫份兩片一起進行Z字形車縫。）。

拉克蘭袖

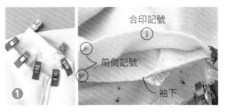

合印記號
前側記號
袖下

① 確認身片和袖子前側的記號，身片和袖子兩端合印記號各自對齊後，以強力夾固定。

② 0.7

從內袖開始接縫袖襱線。（縫份兩片一起進行Z字形車縫。）

Point

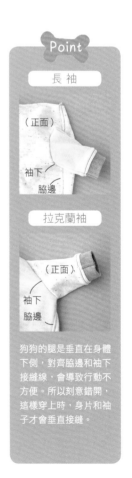

長袖
（正面）
袖下
脇邊

拉克蘭袖
（正面）
袖下
脇邊

狗狗的腿是垂直在身體下側，對齊脇邊和袖下接縫線，會導致行動不方便。所以刻意錯開，這樣穿上時，身片和袖子才會垂直接縫。

🐾 領圍製作方法　　*圖片為作品F的海軍領。作品S的領子也依相同要領製作。

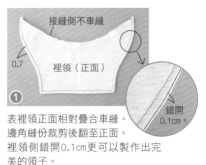

① 表裡領正面相對疊合車縫。邊角縫份裁剪後翻至正面。裡領側錯開0.1cm更可以製作出完美的領子。

中央錯開0.8至1.2cm
表領（正面）

② 表領往下拉一點，如果是SSS至S尺寸裡領，請錯開0.8cm左右以珠針固定。如果是M至LL尺寸裡領，請錯開1.2cm左右以珠針固定（表裡領自然相對領邊角便可對齊）。只有表領有一些多餘分量，裡領正常即可不需要鬆份。

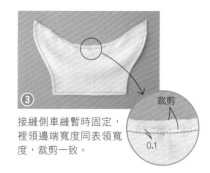

③ 接縫側車縫暫時固定，裡領邊端寬度同表領寬度，裁剪一致。

裁剪 0.1

🐾 作品 F　褲子鬆緊帶的作法

① 脇邊至臀縫份請先進行Z字形車縫，沿完成線摺疊車縫，穿過鬆緊帶。

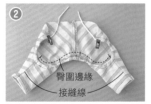

② 以腳接縫線為界線，將臀圍的鬆緊帶輕輕拉緊穿過。

臀圍邊緣
接縫線

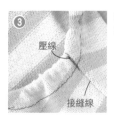

③ 參考圖片左右接縫線位置各自三重壓線，固定鬆緊帶。

壓線
接縫線

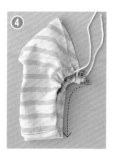

④ 從接縫線上的脇邊鬆緊帶請拉緊產生皺褶（皺褶分量要多到對摺時，腿可以垂直為止），以強力夾固定邊端。

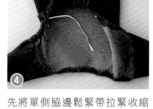

⑤ 兩端各自三重壓線，固定鬆緊帶。裁剪多餘的鬆緊帶分量。

0.5
壓線

🐾 作品 O　鬆緊帶的作法

① 前後身片脇邊正面相對疊合，對齊袖襱側車縫（比起前身片後身片長度長一點OK）。從脇邊到脇邊縫份線Z字形車縫。

⑤ 另一側也依同樣方法製作。請確認左右長度是否齊長後，兩端各自車縫固定（裁剪多餘的鬆緊帶分量）。

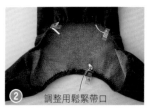

② 調整用鬆緊帶口

後身片縫份沿完成線摺疊後車縫（後中心約殘留1cm出口）。穿入鬆緊帶，從鬆緊帶口慢慢調整長度並拉出。

③ 接縫線
臀圍邊緣
車縫固定

輕輕拉鬆緊帶邊端，全部穿入後，臀圍附近（腳的接縫線到接縫線2/3處）兩端車縫固定。

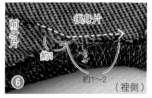

前身片　後身片
約1
約1~2
（裡側）

⑥ 下襱側脇邊縫份往後身片倒向1cm，接著依照步驟②縫線上約1至2cm車縫固定。

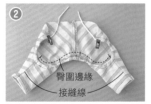

④ 先將單側脇邊鬆緊帶拉緊收縮（伸縮程度請參考上記作品F 褲子鬆緊帶的作法的步驟④），以珠針固定。

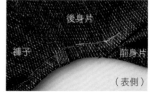

後身片
褲子
前身片
（表側）

🐾 作品 P　身片接縫方法

🦴 臀至腳的羅紋布 接縫方法

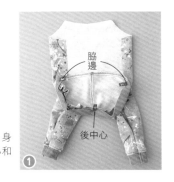

羅紋布背面相對對摺，身片正面相對疊合，中心和脇邊以強力夾固定。

從脇邊開始到褲子合印記號為止重疊上羅紋布，羅紋布對齊時務必完全拉緊對齊，從脇邊開始以強力夾固定（兩側也要）。

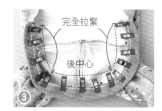

褲子合印記號到合印記號為止，身片和羅紋布均等重疊長度。依P.36-的**3-2**、**4**步驟製作。

🦴 前身片和後身片接縫方法

前身片下襬縫份進行Z字形車縫，沿完成線摺疊車縫。

前後身片脇邊正面相對疊合，對齊袖襬側車縫（後身片長度比前身片長OK）。

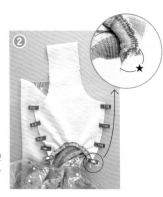

脇邊縫份兩片一起進行Z字形車縫。倒向後身片側壓裝飾線。如步驟**2**說明比起後身片還長的前身片端也一起壓線車縫。

🐾 滾邊車縫　＊包住身片的邊緣，以製作出牢固的成品。

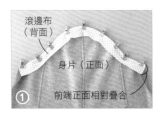

身片和斜紋滾邊布正面相對疊合，一邊拉伸斜紋滾邊布，一邊以強力夾固定（靠近手邊側的滾邊布會稍稍浮起）。

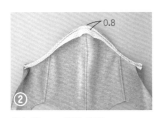

從布端0.8cm開始車縫。

斜紋滾邊布翻至正面，用手指按壓撫平。

大衣的下襬或是領子常用滾邊方式處理（作品T的下襬）。

身片翻至背面，斜紋滾邊布摺疊至步驟**2**的縫線側。需看見身片表面，再摺疊一次，熨燙整理。

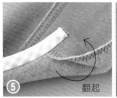

前端翻至正面，留邊端0.5cm，下襬和斜紋滾邊布一起壓線車縫。

Point

拉緊斜紋滾邊布車縫，翻至正面後才會有好看的線條輪廓。

for your beloved dog.

DOG WEAR

商用販售 OK！
為狗寶貝打造 22 款時尚造型

作品製作方法

製作的注意事項

- 製作頁面的狗種簡稱。法國鬥牛犬＝法鬥 、義大利格雷伊獵犬＝義大利獵犬、小臘腸犬＝小臘腸。

- 圖中數字單位為cm。

- 用量以寬×長順序標示（羅紋布‧滾邊布用量也有記載）。如果使用布料尺寸和指定的不同，或是需要對花時，用量也會因此改變。
  另外其他材料和鬆緊帶的用量比較多，依據自己喜好可進行調整。

- 裁布圖依照小型犬S尺寸（不適合小型犬的作品則屬於M尺寸）的基準配置，如果是其他尺寸，會導致裁布圖配置產生改變。請務必將所有紙型放在布料上確認分量是否足夠，再行裁剪製作。

- 原寸紙型沒有含縫份。請參考裁布圖，加上指定縫份寬度。

- 羅紋布或是滾邊布，本書沒有附上這種直線紙型。請依照製作頁面的尺寸表或是裁布圖，直接在布料上繪製（記得畫上指定的縫份寬度）後裁剪布料。

- 本書所表示的完成尺寸，頸圍包含身片領圍尺寸，衣長包括下襬羅紋尺寸。

E

Photo…P. 8

坦克背心
小圓裙

原寸紙型 A面

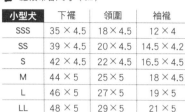

坦克背心完成尺寸（cm）

小型犬	頸圍	胸寬	衣長
SSS	20.5	31.5	23
SS	23	35	26.5
S	25	39	28.5
M	28	44	30
L	31	47	31.5
LL	34	51	33.5

※長度以自然形體計測。

羅紋布各尺寸（cm）

小型犬	下襬	領圍	袖襱
SSS	35×4.5	18×4.5	12×4
SS	39×4.5	20×4.5	14.5×4.2
S	42×4.5	22×4.5	16.5×4.5
M	44×5	25×5	18×4.5
L	46×5	27×5	19×5
LL	48×5	29×5	21×5

材料（cm）

● 身片布　針織豆豆布（牛奶色）

小型犬	寬168cm	SSS 25	SS 30	S30	M 35	L 35	LL 35

● 裙子・頭巾布 LIBERTY PRINT Tana Lawn

小型犬	寬108cm	SSS 35	SS 40	S40	M 45	L 45	LL 45

● 羅紋布　40／圓筒編織針織布（白）

小型犬	寬42（w）cm	SSS 15	SS 15	S15	M 15	L 15	LL 15

※參考左邊的尺寸表，依照各部分裁剪。

● 其他　● 1.2cm止伸襯布條　SSS～S 30cm／M～LL 40cm
　　　　● 鬆緊帶（0.4cm）　SSS 45cm／SS 50cm／S 55cm／M 60cm

製作方法

縫製前的準備
● 身片前後中心、下襬羅紋布中心作上記號。
● 後身片下襬貼接止伸襯布條。

1　製作圓型裙，接縫後身片。
2・3　車縫身片脇邊、肩線（參照P.35）。
4・5・6　製作各羅紋，接縫至身片上。
　　（領圍、袖襱參照P.35・36、下襬羅紋參照P.59-4）。
7・8　製作頭巾。

裁布圖

＊□ 貼上止伸襯布條。
＊除指定處之外，縫份皆為1cm。
＊尺寸從左開始為SSS/SS/S/M。
　只有一個數字時代表各尺寸共通。
＊羅紋裁布圖參考作品A（P.34）
◆＝各尺寸材料的用量參考

〈身片布〉

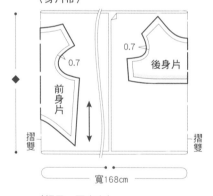

0.7 / 0.7
後身片
前身片
摺雙　摺雙
寬168cm

〈裙子・頭巾布〉

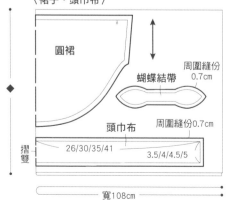

圓裙
蝴蝶結帶
周圍縫份 0.7cm
頭巾布
周圍縫份0.7cm
摺雙
26/30/35/41　3.5/4/4.5/5
寬108cm

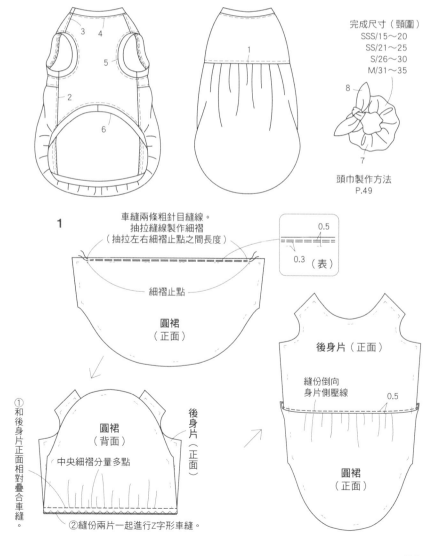

3　4
5
2
6

完成尺寸（頸圍）
SSS/15～20
SS/21～25
S/26～30
M/31～35

8
7

頭巾製作方法
P.49

1

車縫兩條粗針目縫線。
抽拉縫線製作細褶
（抽拉左右細褶止點之間長度）

0.5
0.3（表）

細褶止點

圓裙（正面）

① 和後身片正面相對疊合車縫。

圓裙（背面）

中央細褶分量多點

② 縫份兩片一起進行Z字形車縫。

後身片（正面）

圓裙（正面）

後身片（正面）

縫份倒向身片側壓線
0.5

圓裙（正面）

B

附領巾的網眼材質坦克背心

原寸紙型
小型犬　A面
法鬥　C面
小臘腸　D面

完成尺寸（cm）

小型犬	頸圍	胸寬	衣長
SSS	20.5	31.5	22
SS	23	35	25.5
S	25	39	26.5
M	28	44	29
L	31	47.5	32
LL	34	51	33

法鬥	頸圍	胸寬	衣長
S	35.5	55	28.5
M	39	60	31
L	42.5	64.5	33.5

小臘腸	頸圍	胸寬	衣長
DS	27	41	34.5
DM	30	45	37.5
DL	33	48.5	40.5

材料（cm）

● 身片布　紅色網狀布

小型犬	寬110cm	SSS 35	SS 35	S 40	M 40	L 45	LL 45
法鬥	寬110cm		S 40		M 45		L 50
小臘腸	寬110cm		DS 45		DM 50		DL 55

● 領巾布　吸水速乾COOLMAX＋環保綿棉布（深藍色）

小型犬	寬110cm	SSS 50	SS 50	S 60	M 60	L 70	LL 70
法鬥	寬110cm		S 60		M 70		L 70
小臘腸	寬110cm		DS 60		DM 70		DL 70

● 口袋布　網布（貴族藍）

全品種・尺寸共通	20×15cm

● 滾邊布　圓筒編織針織布40（紅色）

小型犬	寬45cm（w）	SSS 30	SS 35	S 35	M 35	L 40	LL 45
法鬥	寬45cm（w）		S 45		M 50		L 50
小臘腸	寬45cm（w）		DS 40		DM 40		DL 45

※參考左邊的尺寸表，裁剪各部分。

● 其他　● 1.2cm止伸襯布條　SSS～SS 30cm／S～LL 35cm
　　　　● 黏著襯　15×15cm

裁布圖

＊在 ▨ 的背面貼上黏著襯・■ 貼上止伸襯布條。
＊除指定處之外，縫份皆為1cm
＊滾邊布裁布圖請參考作品A羅紋布（P.34）
◆＝代表各尺寸用量請參考裁剪一覽表

〈身片布〉

直接裁剪

前身片
後身片
摺雙
直接裁剪
直接裁剪
摺雙

寬110cm

★＝小型犬SSS至SS是7cm
其他尺寸為8cm

〈口袋布〉

10
口袋
★
15cm
寬20cm

〈領巾布〉

領巾布
摺雙
寬110cm

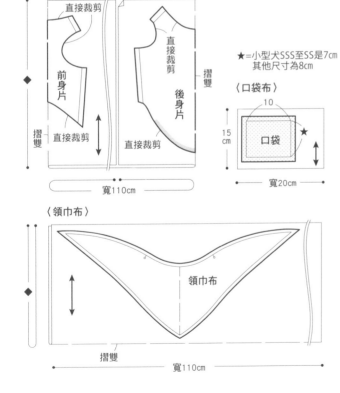

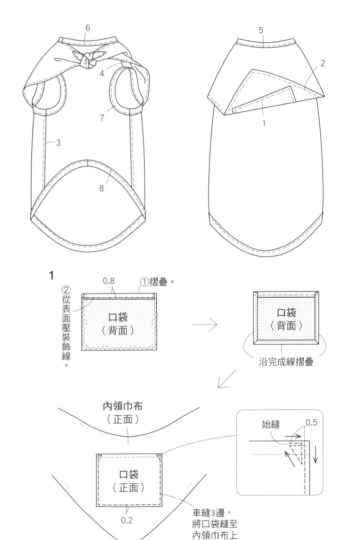

1

② 從表面壓裝飾線。
0.8
① 摺疊。
口袋（背面）

口袋（背面）
沿完成線摺疊

內領巾布（正面）

口袋（正面）
0.2

始縫
0.5

車縫3邊，將口袋縫至內領巾布上

🐾 滾邊布各尺寸（cm）

小型犬	下襬	領圍	袖襱
SSS	30 × 4.5	15 × 4.5	10 × 4.5
SS	35 × 4.5	17 × 4.5	13 × 4.5
S	38 × 4.5	20 × 4.5	15 × 4.5
M	40 × 4.5	21 × 4.5	17 × 4.5
L	44 × 4.5	24 × 4.5	18 × 4.5
LL	48 × 4.5	26 × 4.5	20 × 4.5

法鬥	下襬	領圍	袖襱
S	49 × 4.5	28 × 4.5	20 × 4.5
M	54 × 4.5	31 × 4.5	21 × 4.5
L	58 × 4.5	34 × 4.5	22 × 4.5

小臘腸	下襬	領圍	袖襱
DS	40 × 4.5	20 × 4.5	18 × 4.5
DM	44 × 4.5	23 × 4.5	20 × 4.5
DL	47 × 4.5	25 × 4.5	22 × 4.5

🐾 製作方法

> 縫製前的準備

● 身片前後中心、和下襬滾邊布中心作上合印記號。
● 後身片下襬貼上止伸襯布條（參照P.34）。
● 口袋背面必須貼上黏著襯，周圍邊緣進行Z字形車縫。
※將保冷劑放在口袋時，為避免狗狗太冷，貼上黏著襯可適度緩和。

1 製作口袋、接縫至裡領巾布上。
2 製作領巾布。
3・4 車縫身片脇邊、肩線（參照P.35）。
5 身片接縫領巾布。
6・7・8 領圍、袖襱、下襬各自滾邊。

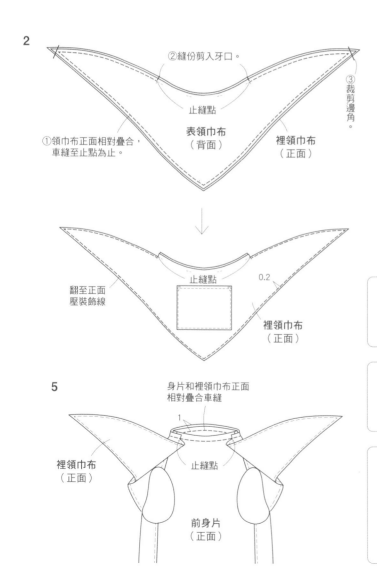

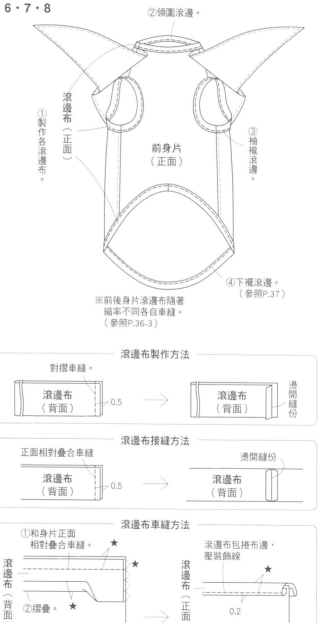

C

坦克背心蛋糕裙

原寸紙型 A面

😺 **完成尺寸（cm）**

小型犬	頸圍	胸寬	衣長
SSS	20.5	31.5	23.5
SS	23	35	27
S	25	39	28
M	28	44	30.5
L	31	47	33
LL	34	51	35

😺 **材料（cm）**

● **身片布** 網狀布（復古玫瑰紅）

小型犬	寬160cm	SSS 25	SS 30	S 30	M 35	L 35	LL 35

● **基底裙布** 棉布
● **A裙布** LIBERTY JAPAN Tana Lawn
● **B裙布** 點點網布（米白色）
● **羅紋布** 圓筒編織針織布（復古玫瑰紅）

小型犬	寬45（W）cm	SSS 15	SS 15	S 15	M 15	L 15	LL 15

※參考右頁的尺寸表，裁剪各部分。

● **其他** ● 4cm 棉蕾絲　SSS～SS 35cm／S～M 45cm／L～LL 55cm
　　　　　● 1.2cm 止伸襯布條　SSS～S 20cm／M～LL 25cm

裁布圖

*在 ▢ 的背面貼上止伸襯布條。
*除指定處之外，縫份皆為1cm
*滾邊布裁布圖請參考作品A羅紋布（P.34）
◆＝代表各尺寸用量請參考裁剪一覽表

〈身片布〉

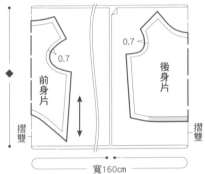

〈基底裙布〉

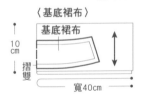

〈A裙布〉

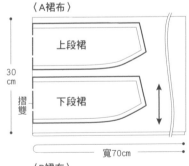

〈B裙布〉

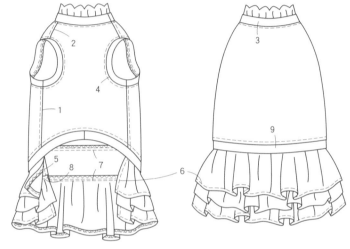

3
參考P.35製作羅紋布，
和身片正面相對疊合

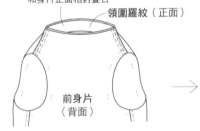

①參考P.52-**7**蕾絲（☆）車縫。

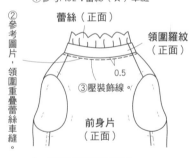

☆＝30/33/37/42/45/50cm
*尺寸由左開始為SSS/SS/S/M/L/LL

😺 **領圍蕾絲的接縫方法**

❶ 蕾絲和身片正面相對疊合，蕾絲接縫線和肩線（左右哪一邊均可）以強力夾固定。

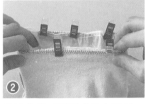

❷ 羅紋布拉到最緊重疊上蕾絲，以強力夾固定數處。

羅紋布各尺寸（cm）

小型犬	下襬	領圍	袖襱
SSS	26×5	18×4.5	12×4
SS	31×5	20×4.5	14.5×4.2
S	33×5	22×4.5	16.5×4.5
M	37×5	25×5	18×4.5
L	40×5.5	27×5	19×5
LL	43×5.5	29×5	21×5

蕾絲尺寸（cm）

小型犬	
SSS	30
SS	33
S	37
M	42
L	45
LL	50

製作方法

縫製前的準備

● 身片前後中心、下襬羅紋布中心作上合印記號。
● 後身片下襬貼上止伸襯布條（參照P.34）。

1・2　接縫身片脇邊、肩線（參照P.35）。
3　領圍接縫羅紋布和蕾絲。
4　袖襱接縫羅紋布（參照P.35・36）。
5・6　製作基底裙、上段、下段裙。
7　基底裙接縫上段、下段裙。
8　製作中段裙，接縫至基底裙。
9　後身片接縫羅紋布和裙子（參照P.49-11）。

5

②對摺壓裝飾線。
接縫上段裙側
基底裙（背面）
0.5
①Z字形車縫。
接縫下段裙側

6

②車縫兩條粗針目縫線。
抽拉（基底裙上側位置）縫線製作細褶。
中心細褶分量要多點
上段裙（背面）
0.3　0.5　0.5
0.5
①Z字形車縫，摺疊後壓裝飾線。
※下段裙以依相同方法車縫，
　抽拉（基底裙下側位置）縫線製作細褶。

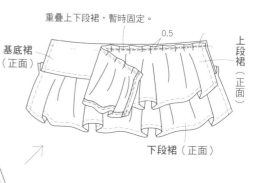

7

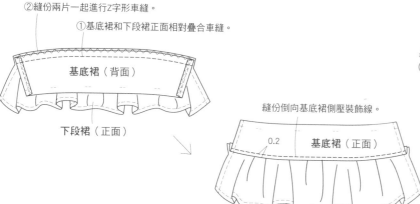

②縫份兩片一起進行Z字形車縫。
①基底裙和下段裙正面相對疊合車縫。
基底裙（背面）
下段裙（正面）

縫份倒向基底裙側壓裝飾線。
0.2　基底裙（正面）
下段裙（正面）

重疊上下段裙，暫時固定。
0.5
基底裙（正面）
上段裙（正面）
下段裙（正面）

8

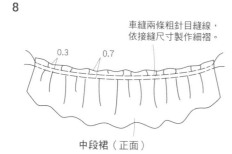

車縫兩條粗針目縫線，
依接縫尺寸製作細褶。
0.3　0.7
中段裙（正面）

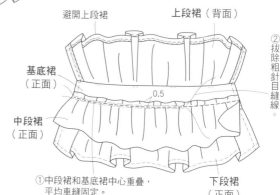

避開上段裙
上段裙（背面）
基底裙（正面）
中段裙（正面）
0.5
②拔除粗針目縫線。
①中段裙和基底裙中心重疊，
　平均車縫固定。
下段裙（正面）

D

Photo···P. 7

女孩用襯褲

原寸紙型 A面

完成尺寸（cm）

小型犬	腰圍	尾巴尺寸
SSS	27	12
SS	30	12
S	32.5	13
M	35.5	14.5
L	39.5	14.5
LL	43.5	15.6

羅紋布各尺寸（cm）

小型犬	腰圍	尾巴圍	腳圍（2片）
SSS	20 × 5	11 × 4	19 × 4.5
SS	23 × 5	11 × 4	21 × 4.5
S	25 × 5	12 × 4.3	24 × 4.5
M	27 × 6	13 × 4.5	26 × 4.5
L	30 × 7	13 × 4.5	28 × 4.5
LL	33 × 7	14 × 4.5	29 × 4.5

材料（cm）

●本體・滾邊布・羅紋布　圓筒編織針織布60（米白）

小型犬	寬40（w）cm	SSS 35	SS 35	S45	M 45	L 50	LL 50

※滾邊布・羅紋布參考左邊的尺寸表，裁剪各部分。

●羅紋布　點點布（米白）　70x15cm

製作方法

縫製前的準備　●褲子前後中心，腰圍羅紋布中心作上合印記號。

1　尾巴周圍滾邊車縫。
2　製作荷葉邊，接縫。
3　腳圍滾邊車縫。
4　車縫褲子脇邊（參照P.35身片脇邊作法）。
5　腰圍接縫羅紋布（參照P.36羅紋接縫作法）。

〈本體・滾邊布・羅紋布〉　切開筒狀

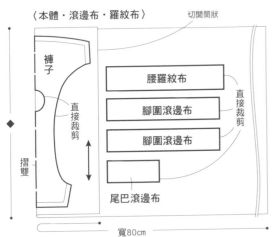

褲子

直接裁剪

腰羅紋布
腳圍滾邊布
腳圍滾邊布

直接裁剪

尾巴滾邊布

摺雙

寬80cm

裁布圖

＊除指定處之外，縫份皆為1cm。
◆＝代表各尺寸用量請參考裁剪一覽表。

〈荷葉邊布〉

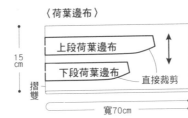

15cm

上段荷葉邊布
下段荷葉邊布　直接裁剪

摺雙

寬70cm

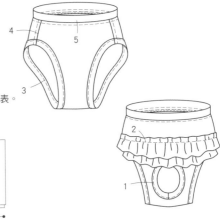

4　5　3

2　1

1

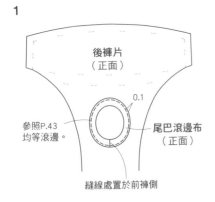

後褲片
（正面）

參照P.43
均等滾邊。

0.1

尾巴滾邊布
（正面）

縫線處置於前褲側

2

①參考P.45-8製作荷葉邊。

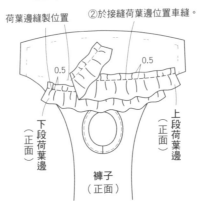

荷葉邊縫製位置
②於接縫荷葉邊位置車縫。

0.5
0.5

下段荷葉邊（正面）
上段荷葉邊（正面）

褲子
（正面）

3

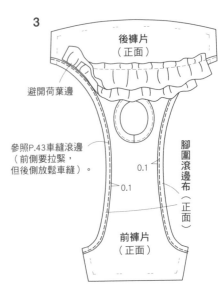

後褲片
（正面）

避開荷葉邊

參照P.43車縫滾邊
（前側要拉緊，
但後側放鬆車縫）。

0.1
0.1

腳圍滾邊布（正面）

前褲片
（正面）

F

Photo…P.9

海軍領背心連身褲

原寸紙型 A面

完成尺寸（cm）

小型犬	頸圍	胸寬	衣長
SSS	20.5	31.5	23.5
SS	23	35	27.5
S	25	39	28.5
M	28	44	30.5
L	31	47	32.5
LL	34	51	35

※衣長尺寸為背長尺寸。

材料（cm）

● 身片布　口袋布Petit fleur（深藍）

小型犬	寬160cm	SSS 25	SS 30	S30	M 35	L 35	LL 35

● 海軍領布　雙面粗節天竺布（自然色）

小型犬	寬150cm	SSS 20	SS 25	S25	M 30	L 30	LL 30

● 褲子　條紋布（三色）

小型犬	寬150cm	SSS 30	SS 35	S 35	M 45	L 45	LL 45

● 羅紋布　圓筒編織針織布40（深藍）

小型犬	寬44（w）cm	SSS 10	SS 10	S 10	M 15	L 15	LL 15

※參考下一頁的尺寸表，裁剪各部分。

● 其他　● 0.6cm寬織帶（三色條紋）
　　　　　SSS～SS 45cm／S 55cm／M 60cm／L～LL 65cm
　　　　● 黏著襯　SSS 30cm／SS～S 35cm／M～LL 40cm
　　　　● 1.2cm止伸襯布條　SSS～S 25cm／M～LL 30cm
　　　　● 鬆緊帶（0.4cm）　SSS～SS 50cm／S～L 60cm／LL 70cm

裁布圖

*在 ▨ 的背面貼上黏著襯・▢貼上止伸襯布條。
*除指定處之外，縫份皆為1cm
*滾邊布裁布圖請參考作品A羅紋布（P.34）
◆＝代表各尺寸用量請參考裁剪一覽表

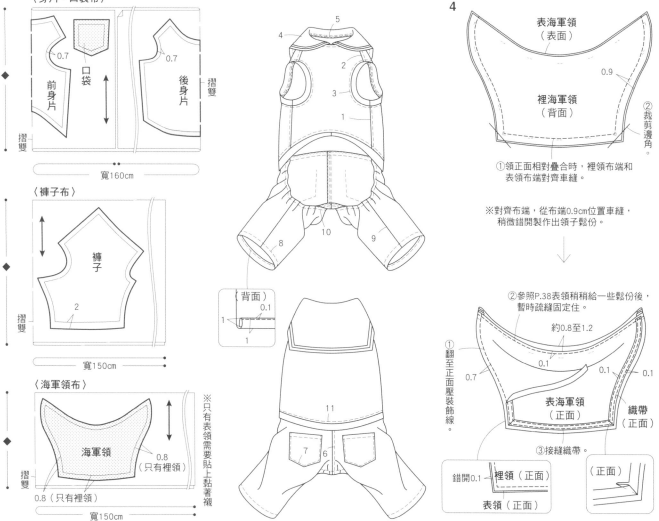

〈身片・口袋布〉
前身片　口袋　0.7　後身片　0.7　摺雙　摺雙　寬160cm

〈褲子布〉
褲子　2　摺雙　寬150cm

〈海軍領布〉
海軍領　0.8（只有裡領）　0.8（只有裡領）　摺雙　寬150cm
※只有表領需要貼上黏著襯

4

表海軍領（表面）　0.9　裡海軍領（背面）　②裁剪邊角。

①領正面相對疊合時，裡領布端和表領布端對齊車縫。

※對齊布端，從布端0.9cm位置車縫，稍微錯開製作出領子鬆份。

②參照P.38表領稍稍給一些鬆份後，暫時疏縫固定住。
約0.8至1.2　0.1　0.1　0.1　0.7　①翻至正面壓裝飾線。　表海軍領（正面）　織帶（正面）

③接縫織帶。

錯開0.1　裡領（正面）　表領（正面）　（正面）

（背面）　0.1　1　1

47

😺 羅紋布各尺寸（cm）

小型犬	下襬寬	袖襬
SSS	26.5 × 5	11.5 × 4
SS	32 × 5	14.5 × 4.2
S	34 × 5	16.5 × 4.5
M	38 × 5.5	18 × 4.5
L	41 × 5.5	19 × 5
LL	44 × 5.5	21 × 5

😺 製作方法

縫製前的準備

- 身片前後中心、領、下襬羅紋布中心作上合印記號。
- 後身片下襬貼上止伸襯布條。（參照P.34）
- 表領、口袋背面貼上黏著襯。
- 口袋周圍Z字形車縫。

1・2 車縫身片脇邊、肩線。（參照P.35）
3 袖襬接縫羅紋布。（參照P.35・36）
4・5 製作海軍領，接縫身片。
6 車縫褲子後中心線。
7 製作口袋，接縫至褲子上。
8 褲子下襬三摺邊車縫。
9 車縫褲子下股圍。
10 從脇邊車縫到臀線。
11 後身片接縫羅紋和褲子。

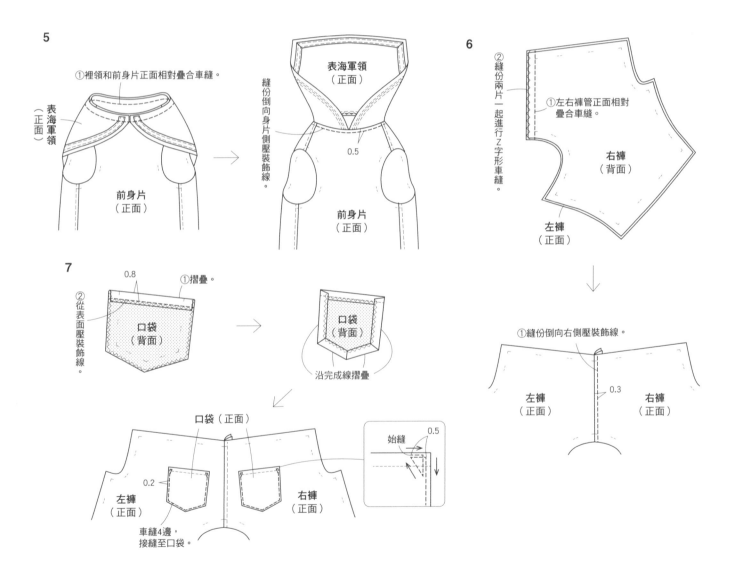

48

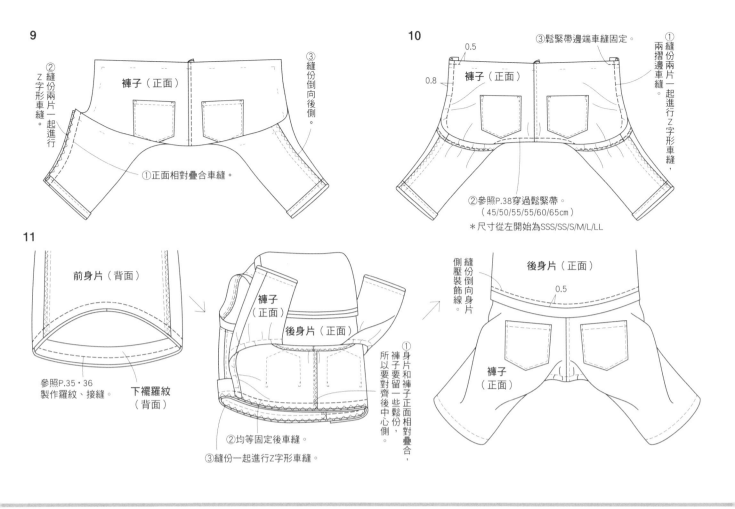

9

②縫份兩片一起進行Z字形車縫。

褲子（正面）

③縫份倒向後側。

①正面相對疊合車縫。

10

0.5

0.8

褲子（正面）

③鬆緊帶邊端車縫固定。

①縫份兩片一起進行Z字形車縫，兩摺邊車縫。

②參照P.38穿過鬆緊帶。
（45/50/55/55/60/65cm）

＊尺寸從左開始為SSS/SS/S/M/L/LL

11

前身片（背面）

參照P.35・36
製作羅紋、接縫。

下襬羅紋（背面）

褲子（正面）

後身片（正面）

①身片和褲子正面相對疊合，褲子要留一些鬆份，所以要對齊後中心側。

②均等固定後車縫。

③縫份一起進行Z字形車縫。

縫份倒向身片側壓裝飾線。

後身片（正面）

0.5

褲子（正面）

P.41　作品E頭巾製作方法

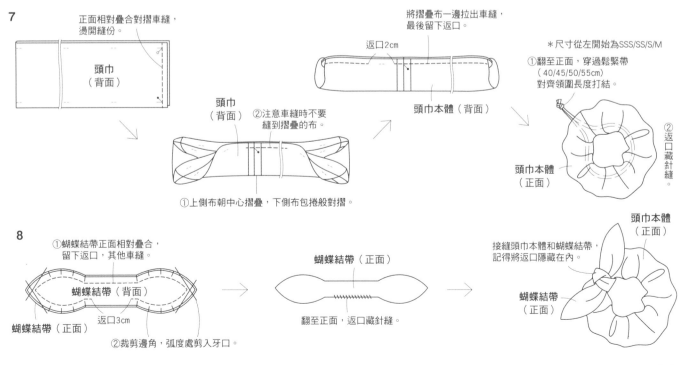

7

正面相對疊合對摺車縫，燙開縫份。

頭巾（背面）

頭巾（背面）

②注意車縫時不要縫到摺疊的布。

①上側布朝中心摺疊，下側布包捲般對摺。

將摺疊布一邊拉出車縫，最後留下返口。

返口2cm

頭巾本體（背面）

＊尺寸從左開始為SSS/SS/S/M

①翻至正面，穿過鬆緊帶（40/45/50/55cm）對齊領圍長度打結。

②返口藏針縫。

頭巾本體（正面）

8

①蝴蝶結帶正面相對疊合，留下返口，其他車縫。

蝴蝶結帶（背面）

蝴蝶結帶（正面）

返口3cm

②裁剪邊角，弧度處剪入牙口。

蝴蝶結帶（正面）

翻至正面，返口藏針縫。

接縫頭巾本體和蝴蝶結帶，記得將返口隱藏在內。

頭巾本體（正面）

蝴蝶結帶（正面）

長袖T恤

原寸紙型 A面

完成尺寸（cm）

小型犬	頸圍	胸寬	衣長
SSS	21.5	32.5	23
SS	23	35	26.5
S	24.5	39	28
M	28.5	43	31
L	30.5	47	33.5
LL	33	51.5	34.5

羅紋布各尺寸（cm）

〈基本〉

小型犬	下襬	領	袖口（2片）
SSS	34 × 5	19 × 5	10 × 5
SS	37 × 5	20 × 5	11 × 5
S	41 × 6	22 × 6	12 × 6
M	44 × 6	25 × 6	13 × 6
L	49 × 6	27 × 6	17 × 6
LL	53 × 6	29 × 6	18 × 6

〈高領〉

小型犬	下襬	領	袖口（2片）
SSS	36 × 6	20 × 6	10 × 6
SS	40 × 6	21 × 6	11 × 6
S	43 × 6	23 × 6	13 × 6
M	47 × 7	26 × 7	14 × 7
L	53 × 7	28 × 7	15 × 8
LL	57 × 8	31 × 7	16 × 8

※作品使用的條紋布比起一般羅紋布伸縮性低，裁剪時比起一般羅紋布長度要長一些。

材料（cm）

● 身片布　提花布（紅＋米色）

小型犬	寬160cm	SSS 35	SS 35	S 40	M 40	L 45	LL 45

● 羅紋布　〈基本〉點點羅紋布（白色）

小型犬	寬45（w）cm	SSS 15	SS 15	S 15	M 15	L 15	LL 15

※參考左邊的尺寸表，裁剪各部分。

● 羅紋布　〈高領〉彩色羅紋布（黃色多彩MIX）

小型犬	寬170cm	SSS 15	SS 15	S 15	M 20	L 20	LL 20

※參考左邊的尺寸表，裁剪各部分。

● 其他　● 1.2cm止伸襯布條　SSS～S 30cm／M～LL 35cm

製作方法

縫製前的準備
● 身片前後中心，和下襬羅紋布中心作上合印記號。
● 後身片下襬貼上止伸襯布條。

1・2　車縫身片脇邊、肩線（參照P.35）。
3　接縫袖口羅紋。
4・5　車縫袖下，接縫身片（參照P.37）。
6・7　製作領羅紋布和下襬羅紋，接縫身片（參照P.35・36）。

裁布圖

＊在□貼上止伸襯布條。
＊除指定處之外，縫份皆為1cm
◆＝代表各尺寸用量請參考裁剪一覽表

〈身片・袖布〉

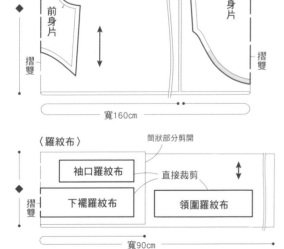

0.7　袖子　0.7　0.7　後身片　前身片　摺雙　摺雙　寬160cm

〈羅紋布〉

筒狀部分剪開　袖口羅紋布　直接裁剪　下襬羅紋布　領圍羅紋布　摺雙　寬90cm

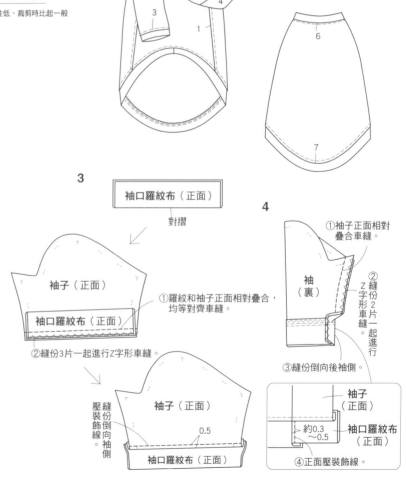

3

袖口羅紋布（正面）　對摺

袖子（正面）　袖口羅紋布（正面）

①羅紋和袖子正面相對疊合，均等對齊車縫。

②縫份3片一起進行Z字形車縫。

袖子（正面）　0.5　袖口羅紋布（正面）

壓縫裝飾線。縫份倒向後袖側

4

①袖子正面相對疊合車縫。
②縫份2片一起進行Z字形車縫。
③縫份倒向後袖側。

袖（裏）

袖子（正面）　約0.3～0.5　袖口羅紋布（正面）

④正面壓裝飾線。

燈籠袖T恤

原寸紙型 A面

🐾 完成尺寸（cm）

小型犬	頸圍	胸寬	衣長
SSS	21.5	32.5	23
SS	23	35	26.5
S	24.5	39	27.5
M	28.5	43	30.5
L	30.5	47	33
LL	33	51.5	34

🐾 坦克背心完成尺寸（cm）

小型犬	下襬	領子
SSS	31 × 4.5	18 × 4.5
SS	34 × 4.5	18.5 × 4.5
S	37 × 4.5	19.5 × 4.5
M	41 × 5	22 × 5
L	46 × 5	25 × 5
LL	50 × 5	25.5 × 5

🐾 材料（cm）

● 身片布 （櫻桃提花布）

小型犬	寬185cm	SSS 35	SS 35	S 40	M 40	L 45	LL 45

● 羅紋布 圓筒編織針織布60（米白）

小型犬	寬40（w）cm	SSS 10	SS 10	S 10	M 10	L 10	LL 10

※參考左邊的尺寸表，裁剪各部分。

● 其他　● 1.2cm止伸襯布條　SSS～S 50cm／M～LL 60cm
　　　　● 鬆緊帶（0.4cm）　SSS～M 30cm／L～LL 40cm

🐾 製作方法

縫製前的準備

● 身片前後中心，和下襬羅紋布中心作上合印記號。
● 後身片下襬（參照P.34）、前後袖襬（參考裁布圖）
　貼上止伸襯布條。

1・2　車縫身片脇邊、肩線（參照P.35）。
3　　袖口穿入鬆緊帶。
4・5　車縫袖下，接縫身片。
6・7　製作領圍羅紋布和下襬羅紋，接縫身片（參照P.35・36）。

裁布圖

＊在 ▢ 貼上止伸襯布條。
＊除指定處之外，縫份皆為1cm
◆＝代表各尺寸用量請參考裁剪一覽表

〈身片・袖布〉

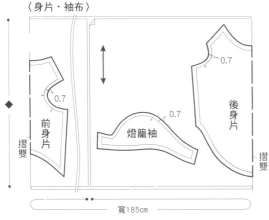

寬185cm

〈羅紋布〉

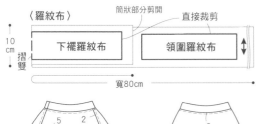

寬80cm

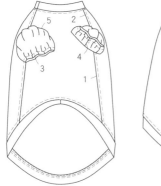

3

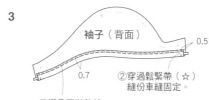

袖子（背面）

①摺疊壓裝飾線。
②穿過鬆緊帶（☆）
　縫份車縫固定。

☆＝12.5/13.5/14/14.5/15.5/16.5cm
＊尺寸從左開始為SSS/SS/S/M/L/LL

4

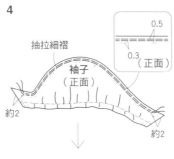

抽拉細褶
袖子（正面）

袖子（正面）
①袖子正面相對疊合車縫。
②縫份兩片一起進行Z字形車縫
③縫份倒向後側，正面壓裝飾線。

5

①袖子和身片正面相對疊合，
　依照口中的號碼依序固定珠針。

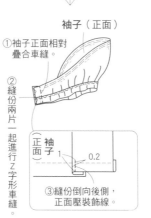

前身片（背面）
袖子（背面）
②依規定尺寸抽拉細褶分量

參照P.37接縫袖子

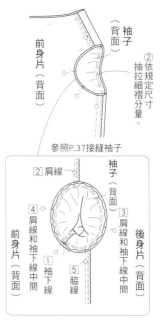

②肩線
袖子（背面）
④肩線和袖下線中間
③肩線和袖下線中間
前身片（背面）
後身片（背面）
①袖下線
⑤脇線

蕾絲包邊T恤

原寸紙型 A面

完成尺寸（cm）

小型犬	頸圍	胸寬	衣長
SSS	21.5	32.5	22.5
SS	23	35	26
S	24.5	39	27
M	28.5	43	30
L	30.5	47	32.5
LL	33	51.5	33.5

材料（cm）

● 身片‧羅紋布　格紋布（黃白相間）

小型犬	寬105cm	SSS 45	SS 45	S 55	M 55	L 60	LL 60

※參考左邊的尺寸表，裁剪各部分。

● 蕾絲布　約寬1.7cm 彈性蕾絲布（米白）

小型犬	SSS 65	SS 70	S 80	M 85	L 90	LL 100

※參考左邊的尺寸表，裁剪各部分。

● 其他　● 1.2cm止伸襯布條　SSS～S 25cm／M～LL 35cm

羅紋布各尺寸（cm）

小型犬	領子
SSS	19 × 7
SS	21 × 8
S	22 × 9
M	26 × 10
L	27.5 × 11
LL	30 × 11

蕾絲各尺寸（cm）

小型犬	下襬	袖口（2條）
SSS	36	10
SS	40	11
S	43	13
M	47	14
L	53	15
LL	57	16

製作方法

縫製前的準備

● 身片前後中心，和下襬蕾絲布中心作上合印記號。
● 後身片下襬貼上止伸襯布條（參照P.34）。

1・2　車縫身片脇邊、肩線（參照P.35）。
3　袖口接縫蕾絲布。
4・5　車縫袖下，接縫身片（參照P.37）。
6　領圍羅紋接縫羅紋布（參照P.36）。
7　下襬接縫蕾絲。

裁布圖

＊在▨貼上止伸襯布條。
＊除指定處之外，縫份皆為1cm
＊尺寸從左開始為SSS/SS/S/M/L/LL
◆＝代表各尺寸用量請參考裁剪一覽表

19/21/23/26/29/30
7/8/9/10/11/11
領圍羅紋布

0.7　袖子

0.7

0.7

前身片

後身片

布料裁剪後重新摺疊

摺雙

摺雙

寬105cm

3

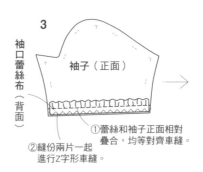

袖口蕾絲布（背面）

袖子（正面）

①蕾絲和袖子正面相對疊合，均等對齊車縫。
②縫份兩片一起進行Z字形車縫。

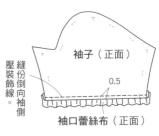

袖子（正面）

0.5

縫份倒向袖側

壓裝飾線

袖口蕾絲布（正面）

6

領圍羅紋布（正面）

0.5

前身片（正面）

參照P.35‧36依同樣方法製作領圍羅紋後接縫。

7

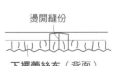

下襬蕾絲正面相對疊合對摺車縫。

下襬蕾絲布（正面）

1

燙開縫份

下襬蕾絲布（背面）

參照P.36依同樣方法製作下襬羅紋後接縫

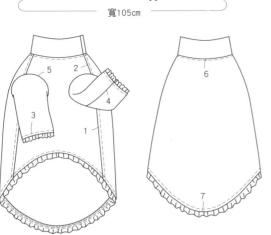

5　2
4
3
1

6

7

J

拉克蘭袖T恤

原寸紙型
小型犬　B面
小臘腸狗　D面

完成尺寸（cm）

小型犬	頸圍	胸寬	衣長
SSS	21	32	23.5
SS	24	35.5	26.5
S	25	39	28.5
M	29	44	32
L	32	48	34
LL	34	52.5	36

小臘腸	頸圍	胸寬	衣長
DS	28	41	35.5
DM	29.5	45	39
DL	32.5	49	42

羅紋布各尺寸（cm）

小型犬	下襬	領	袖口（2片）
SSS	36 × 5	19 × 5	11 × 5
SS	41 × 5	21 × 5	12 × 6
S	44 × 6	22 × 6	13 × 6
M	48 × 6	26 × 6	14 × 7
L	53 × 6	29 × 7	15 × 7
LL	56 × 6	31 × 7	16 × 7

小臘腸	下襬	領	袖口（2片）
DS	46 × 6	25 × 6	13 × 5
DM	52 × 6	26.5 × 6	14 × 5
DL	57 × 6	29 × 6	15 × 5

材料（cm）

● 身片・羅紋布　丹寧裡毛布

小型犬	寬155cm	SSS 45	SS 45	S 50	M 50	L 55	LL 55
小臘腸	寬155cm		DS 55		DM 60		DL 60

※參考左邊的尺寸表，裁剪各部分。

● 其他　● 1.2cm止伸襯布條　SSS～S 30cm／M～LL 35cm
　　　　● 自己喜愛的徽章

製作方法

縫製前的準備
● 身片前後中心，和下襬羅紋布中心作上合印記號。
● 後身片下襬貼上止伸襯布條（參照P.34）。

1　後身片車縫褶子。
2　車縫身片脇邊（參照P.35）。
3・4　袖口接縫羅紋，車縫袖下（參照P.50・37）。
5　接縫袖子。
6・7　製作領圍羅紋布和下襬羅紋，接縫身片（參照P.35・36）。

裁布圖

＊在 ▢ 貼上止伸襯布條。
＊除指定處之外，縫份皆為1cm。
＊袖子・下襬・領圍羅紋布使用內側部分。
◆＝代表各尺寸用量請參考裁剪一覽表

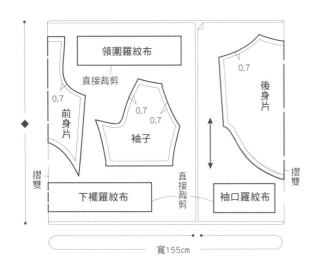

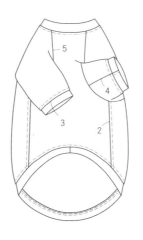

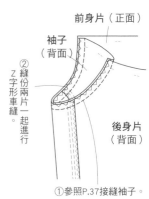

1

後身片
（正面）

0.2

徽章
（正面）

放在喜歡的位置
壓線車縫。

5

前身片（正面）

袖子
（背面）

② 縫份兩片一起進行Z字形車縫。

後身片
（背面）

① 參照P.37接縫袖子。

多層次假兩件
連帽衫

原寸紙型 B面

完成尺寸（cm）

小型犬	頸圍	胸寬	衣長
SSS	21	32	23.5
SS	24	35.5	26.5
S	25	39	28.5
M	29	44	32
L	32	48	34
LL	34	52.5	36

材料（cm）

● 身片A・羅紋布　裡毛針織布 中厚（橘色）

小型犬	寬185cm	SSS 40	SS 40	S 45	M 45	L 50	LL 50

※參考右頁的尺寸表，裁剪各部分。

● 身片B布　30/花灰色平紋條紋布（花灰＋米灰）

小型犬	寬155cm	SSS 25	SS 25	S 25	M 30	L 30	LL 30

● 其他　● 內徑0.7cm雞眼 2組

　　　　● 黏著襯　10×5cm

　　　　● 1.2cm止伸襯布條　SSS〜SS 100cm／S〜M 120cm／L〜LL 140cm

　　　　● 0.6cm繩帶　SSS〜SS 45cm／S〜M 55cm／L〜LL 60cm

　　　　● 自己喜歡的徽章

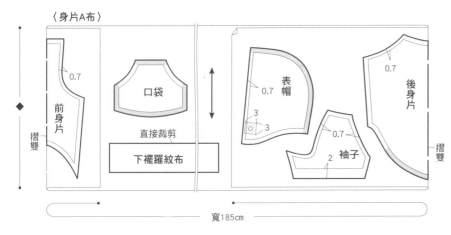

〈身片A布〉

前身片　口袋　直接裁剪　下襬羅紋布　表帽　袖子　後身片

摺雙　摺雙　寬185cm

裁布圖

＊在 ▨ 的背面貼上黏著襯・▨ 貼上止伸襯布條。

＊除指定處之外，縫份皆為1cm

◆＝代表各尺寸用量請參考裁剪一覽表

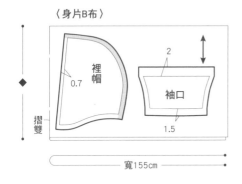

〈身片B布〉

裡帽　袖口　摺雙　寬155cm

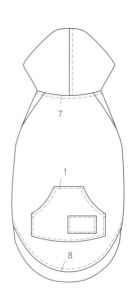

☙ 羅紋布尺寸（cm）

小型犬	下襬
SSS	36 × 5
SS	41 × 5
S	44 × 6
M	48 × 6
L	53 × 6
LL	56 × 6

☙ 製作方法

縫製前的準備

● 身片前後中心，和下襬螺紋布中心作上合印記號。
● 後身片下襬（參照P.34）和帽子、口袋（參考裁布圖）各自貼上止伸襯布條。
● 表帽內側貼上黏著襯補強。
● 口袋周圍進行Z字形車縫。

1 製作口袋，接縫後身片。
2 車縫身片脇邊（參照P.35）。
3 袖子接縫袖口。
4・5 車縫袖下，接縫身片（參照P.37）。
6・7 製作帽子，接縫身片。
8 製作下襬羅紋布，接縫身片（參照P.35・36）。
9 帽子穿過帽繩。

1

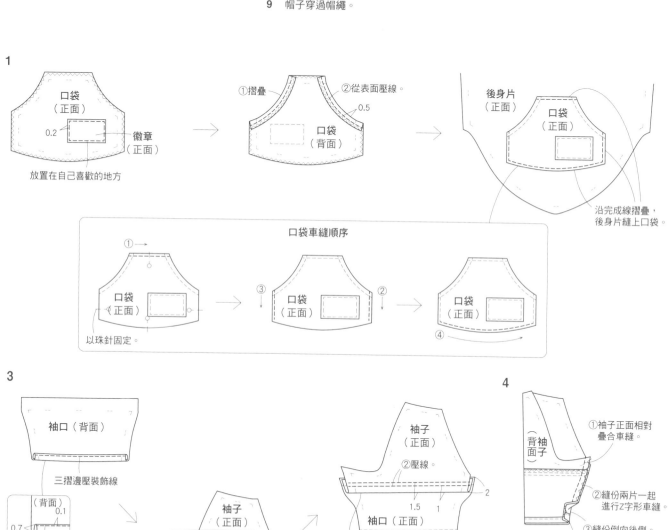

口袋（正面）
0.2
徽章（正面）
放置在自己喜歡的地方

①摺疊
②從表面壓線。
0.5
口袋（背面）

後身片（正面）
口袋（正面）
沿完成線摺疊，後身片縫上口袋。

口袋車縫順序

① →
口袋（正面）
以珠針固定。

③ ↓
口袋（正面）

② ↓
口袋（正面）

口袋（正面）
④ →

3

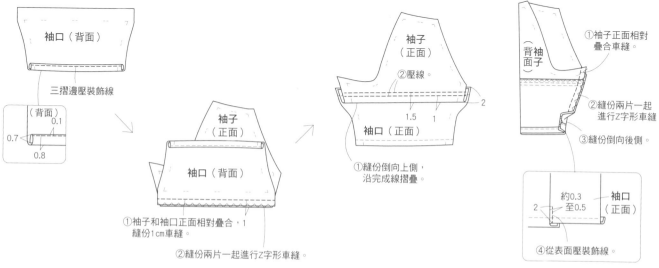

袖口（背面）
三摺邊壓裝飾線

（背面）
0.1
0.7
0.8

袖子（正面）
袖口（背面）
①袖子和袖口正面相對疊合，1縫份1cm車縫。
②縫份兩片一起進行Z字形車縫。

袖子（正面）
②壓線。
1.5 1
2
袖口（正面）
①縫份倒向上側，沿完成線摺疊。

4

（背袖面子）
①袖子正面相對疊合車縫。
②縫份兩片一起進行Z字形車縫。
③縫份倒向後側。

約0.3至0.5
2
袖口（正面）
④從表面壓裝飾線。

6

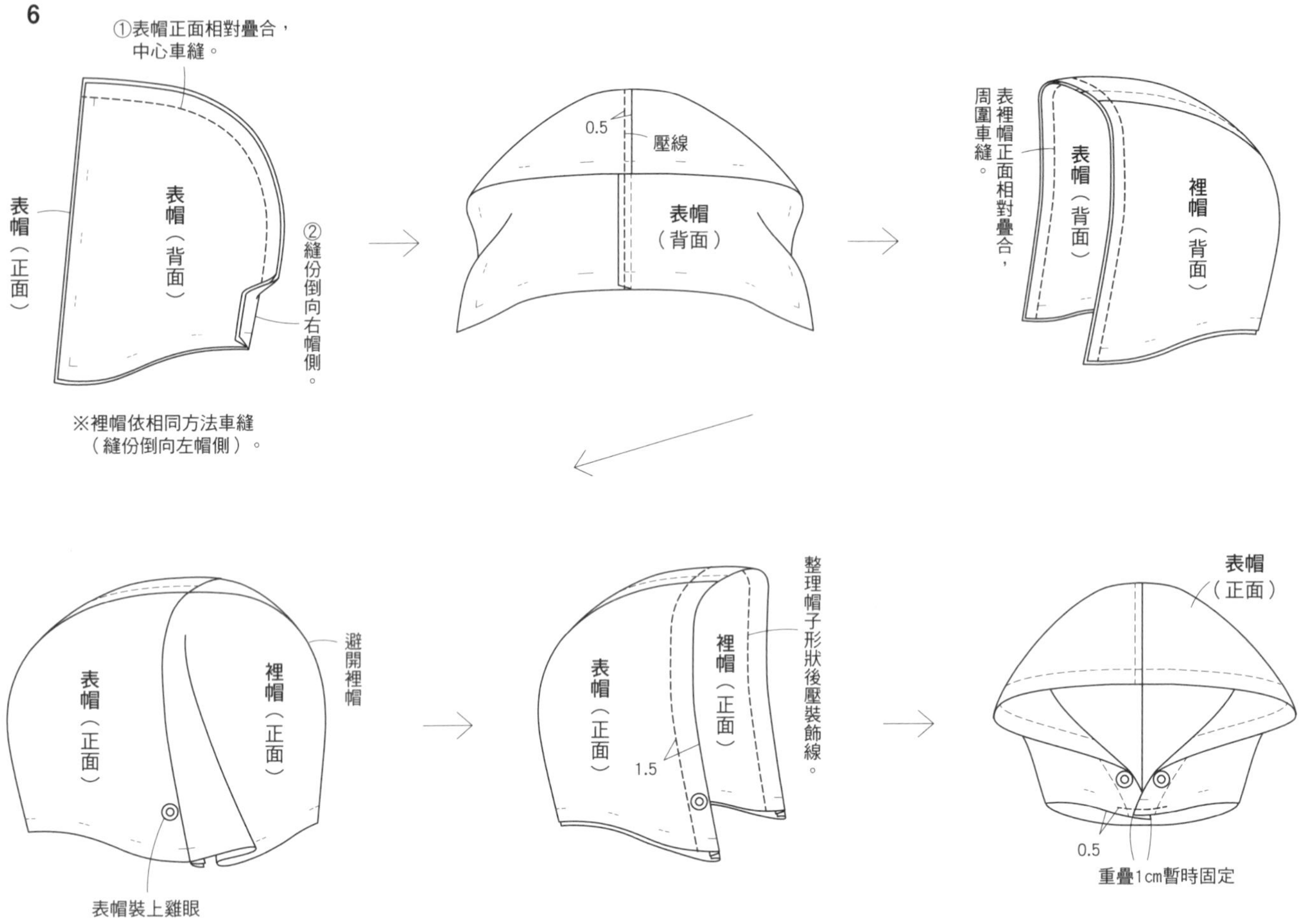

① 表帽正面相對疊合，中心車縫。

表帽（正面）

表帽（背面）

② 縫份倒向右帽側。

※裡帽依相同方法車縫（縫份倒向左帽側）。

0.5　壓線

表帽（背面）

表帽（背面）　裡帽（背面）

表裡帽正面相對疊合，周圍車縫。

表帽（正面）　裡帽（正面）

避開裡帽

表帽裝上雞眼

表帽（正面）　裡帽（正面）

1.5

整理帽子形狀後壓裝飾線。

表帽（正面）

0.5

重疊1cm暫時固定

7

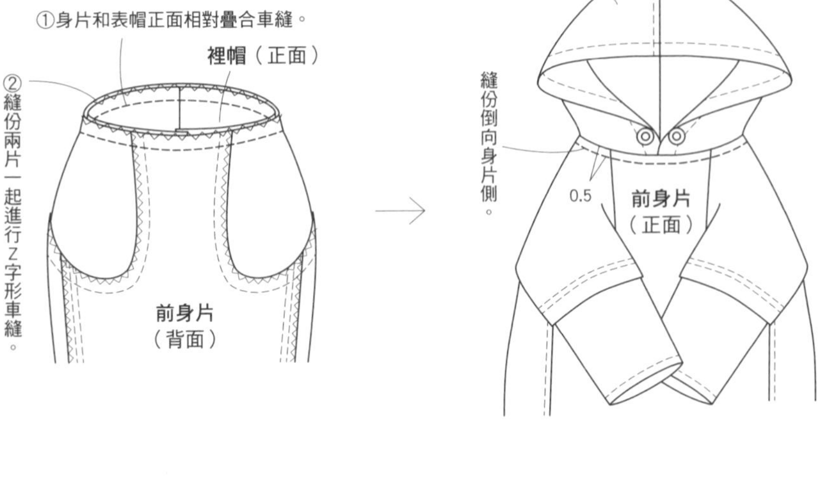

① 身片和表帽正面相對疊合車縫。

裡帽（正面）

② 縫份兩片一起進行Z字形車縫。

前身片（背面）

表帽（正面）

裡帽（正面）

縫份倒向身片側。

0.5

前身片（正面）

9

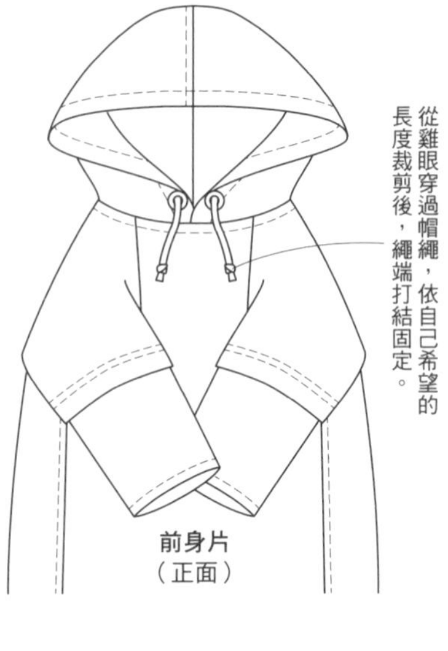

從雞眼穿過帽繩，依自己希望的長度裁剪後，繩端打結固定。

前身片（正面）

L

Photo…P. 15

男用禮貌帶

原寸紙型 B面

完成尺寸（cm）

小型犬	長 × 寬	腰圍
SSS	8 × 27	20 ～ 23
SS	9.5 × 31	23 ～ 26
S	10 × 36	26 ～ 30
M	11 × 40	30 ～ 34
L	12 × 45	34 ～ 39
LL	14 × 51	39 ～ 45

材料（cm）

● 表布　裡毛針織布 中厚（橘色）

小型犬	寬60cm	SSS 10	SS 15	S15	M 15	L 15	LL 20

● 裡布　圈圈布（環保棉素材）

小型犬	寬60cm	SSS 10	SS 15	S15	M 15	L 15	LL 20

● 滾邊布　圓筒編織針織布40（橘色）

小型犬	寬43（w）cm	SSS 10	SS 10	S 10	M 10	L 10	LL 10

※直向裁剪（直接裁剪）

● 其他　● 魔鬼粘　SSS～S 10cm方形／M～LL 15cm方形
　　　　● 自己喜歡的徽章

製作方法

1　重疊表裡禮貌帶，周圍暫時固定。
2　周圍車縫滾邊。
3　車縫魔鬼粘。

裁布圖

* 直接裁剪
◆＝代表各尺寸用量請參考裁剪一覽表

〈表布・裡布〉

摺雙

禮貌帶

直接裁剪

寬60cm

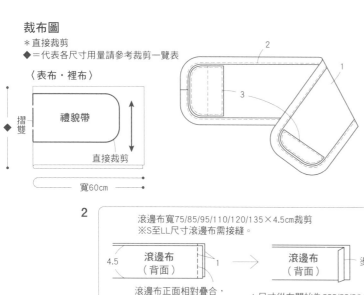

1

裡禮貌帶（背面）

0.5

表禮貌帶（正面）

表裡禮貌帶背面相對疊合，周圍暫時固定。

2

滾邊布寬75/85/95/110/120/135×4.5cm裁剪
※S至LL尺寸滾邊布需接縫。

4.5　滾邊布（背面）　1　→　滾邊布（背面）　燙開縫份

滾邊布正面相對疊合，車縫。　＊尺寸從左開始為SSS/SS/S/M/L/LL

裁剪多餘部分

②重疊3cm。

①摺疊。

滾邊布（背面）

短邊從中心開始滾邊

0.8

裡禮貌帶（正面）　③摺疊。

滾邊布（背面）

4.5　④裡禮貌帶和滾邊正面相對疊合，車縫周圍。

翻至正面，布端包捲滾邊布壓裝飾線。

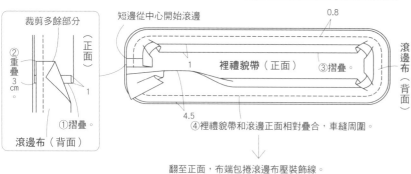

表禮貌帶（正面）

滾邊布（正面）

0.1

3

①配合端形狀，裁剪魔鬼粘。

魔鬼粘（軟面）

表禮貌帶（正面）★

裡禮貌帶（正面）

②壓線。　☆

魔鬼粘（硬面）

※2-①・②滾邊布接縫線側車縫上魔鬼粘軟面

★＝3/4/5/6/7/8
☆＝1.5/2/2.5/3/3.5/4
＊尺寸從左開始為SSS/SS/S/M/L/LL

表禮貌帶（正面）

徽章

③從表禮貌帶側車縫徽章。

M

細肩帶上衣

原寸紙型 A面

🐾 完成尺寸（cm）

小型犬	胸寬	衣長
SSS	36	25
SS	42	27.5
S	45.5	29.5
M	48	31.5
L	53	34
LL	57	36.5

🐾 材料（cm）

● 身片布　LIBERTY JAPAN Tana Lawn

小型犬	寬108cm	SSS 35	SS 35	S 35	M 40	L 40	LL 40

※羅紋布參考右頁的尺寸表，裁剪各部分。

● 滾邊・羅紋布　40/素面針織布（粉紅色）

小型犬	寬165cm	SSS 15	SS 15	S 15	M 15	L 15	LL 15

● 其他　● 鬆緊帶（0.4cm）　SSS～S 20cm／M～LL 25cm

〈身片布〉

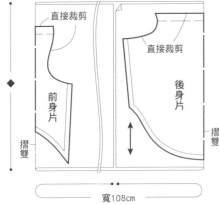

直接裁剪

直接裁剪

前身片

後身片

摺雙

摺雙

寬108cm

裁布圖

＊除指定處之外，縫份皆為1cm

◆＝代表各尺寸用量請參考裁剪一覽表

〈滾邊布・羅紋布〉

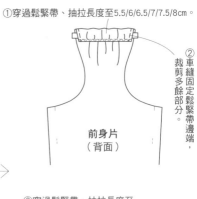

肩繩滾邊布

直接裁剪

肩繩滾邊布

下襬羅紋布

15cm

摺雙

寬165cm

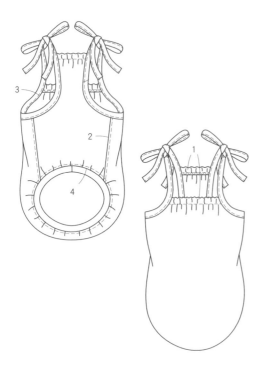

3

2

1

4

1

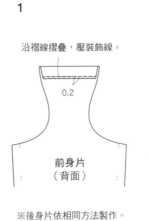

沿褶線摺疊，壓裝飾線。

0.2

前身片
（背面）

※後身片依相同方法製作。

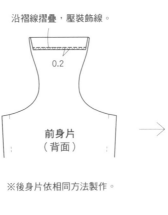

①穿過鬆緊帶、抽拉長度至5.5/6/6.5/7/7.5/8cm。

②車縫固定鬆緊帶邊端，裁剪多餘部分。

前身片
（背面）

③穿過鬆緊帶、抽拉長度至
8.5/9.5/10.5/11/12/13cm。

④車縫固定鬆緊帶邊端，裁剪多餘部分。

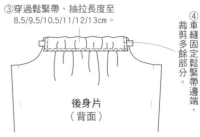

後身片
（背面）

＊尺寸從左開始為SSS/SS/S/M/L/LL

羅紋布尺寸（cm）

小型犬	下襬
SSS	27 × 5
SS	30 × 5
S	32 × 5
M	34 × 5
L	40 × 5
LL	45 × 5

滾邊布尺寸（cm）

小型犬	肩繩（2片）
SSS	66 × 4.5
SS	68 × 4.5
S	72 × 4.5
M	76 × 4.5
L	80 × 4.5
LL	84 × 4.5

製作方法

| 縫製前的準備 | ●身片前後中心，和下襬羅紋布中心作上合印記號。
●前後身片領圍進行Z字形車縫。 |

1　車縫領圍，穿過鬆緊帶。
2　車縫身片脇邊（參照P.35）。
3　袖襱車縫肩繩滾邊布。
4　下襬接縫羅紋布。

3

①摺疊滾邊布邊端。

◉・★＝同符號處為相同尺寸。

滾邊至肩繩邊端摺疊壓線。

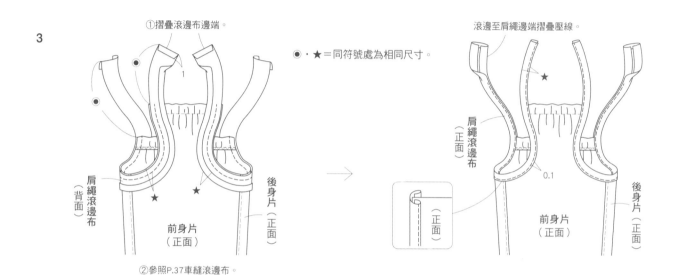

②參照P.37車縫滾邊布。

4

①參照P.35製作下襬羅紋布。

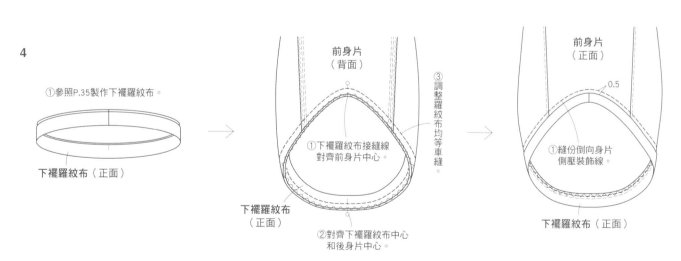

③調整羅紋布均等車縫。

①下襬羅紋布接縫線對齊前身片中心。

②對齊下襬羅紋布中心和後身片中心。

①縫份倒向身片側壓裝飾線。

軛圈領削肩式上衣&連身裙

原寸紙型 D面

🐾 完成尺寸（cm）

〈上衣〉

義大利格雷伊獵犬	頸圍	胸寬	衣長
S	26	44	36.5
M	28	47	40
L	31	51.5	42.5

〈連身裙〉

義大利格雷伊獵犬	頸圍	胸寬	衣長
S	26	44	37
M	28	47	40.5
L	31	51.5	42.5

🐾 材料（cm）

● 身片・滾邊布　平紋棉布

〈上衣〉	義大利格雷伊獵犬	寬142cm	S 50	M 55	L 60

※滾邊布參考右頁的尺寸表，裁剪各部分。

〈連身裙〉	義大利格雷伊獵犬	寬142cm	S 80	M 90	L 95

※滾邊布參考右頁的尺寸表，裁剪各部分。

● 其他　● 黏著襯
　　　　● 1.2cm止伸襯布條 40cm
　　　　● 鬆緊帶（0.4cm） 20cm

裁布圖

＊在 ▦ 的背面貼上黏著襯・▨ 貼上止伸襯布條。
＊除指定處之外，縫份皆為1cm
＊尺寸從左開始為S/M/L尺寸
◆＝代表各尺寸用量請參考裁剪一覽表
☆＝13/14.3/15.8
★＝7.4/8/8.7

〈上衣〉

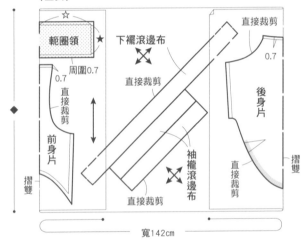

寬142cm

〈連身裙〉

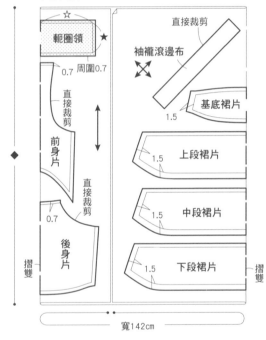

寬142cm

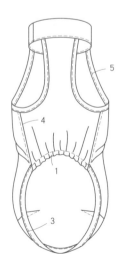

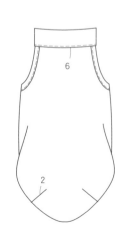

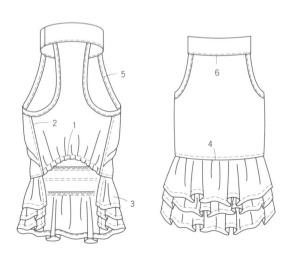

義大利格雷伊獵犬	後身片	袖襱（2片）
S	54 × 4.5	28 × 4.5
M	58 × 4.5	30 × 4.5
L	61 × 4.5	32 × 4.5

※只有後身片上衣需要滾邊。

😺 製作方法

縫製前的準備

● 身片前後中心、下襬滾邊布、基底裙片中心作上合印記號。
● 軛圈領背面貼上黏著襯。
● 前身片下襬進行Z字形車縫。

〈上衣〉　1　車縫前身片下襬，穿過鬆緊帶。
　　　　　2　車縫後身片褶子。
　　　　　3　後身下襬車縫滾邊。
　　　　　4　車縫身片脇邊（參照P.35）。
　　　　　5　袖襱車縫滾邊。
　　　　　6　製作軛圈領，接縫身片。

〈連身裙〉　1　車縫前身片下襬，穿過鬆緊帶（參照上衣）。
　　　　　2　車縫身片脇邊（參照P.35）。
　　　　　3　製作裙子。
　　　　　4　裙片接縫身片。
　　　　　5　袖襱滾邊車縫（參照上衣）。
　　　　　6　製作軛圈領，接縫身片（參照上衣）。

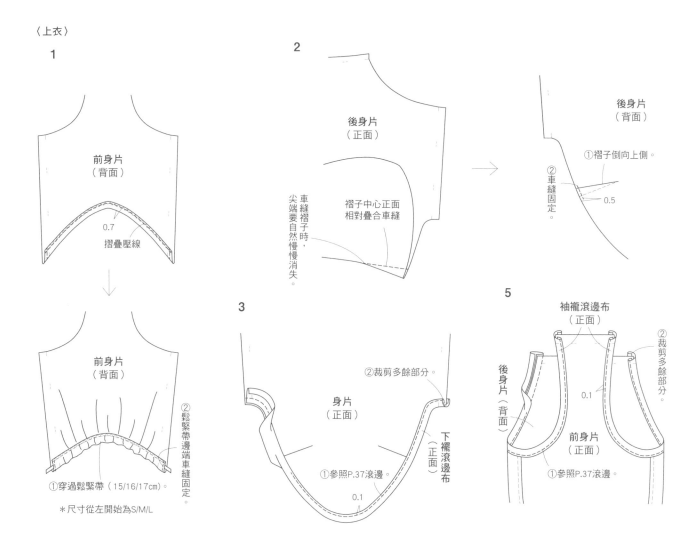

〈上衣〉

1

前身片（背面）
0.7
摺疊壓線

前身片（背面）
①穿過鬆緊帶（15/16/17cm）。
②鬆緊帶邊端車縫固定。
＊尺寸從左開始為S/M/L

2

後身片（正面）
車縫褶子時，尖端要自然慢慢消失。
褶子中心正面相對疊合車縫

後身片（背面）
①褶子倒向上側。
②車縫固定。
0.5

3

②裁剪多餘部分。
身片（正面）
下襬滾邊布（正面）
①參照P.37滾邊。
0.1

5

袖襱滾邊布（正面）
②裁剪多餘部分。
後身片（背面）
前身片（正面）
0.1
①參照P.37滾邊。

6

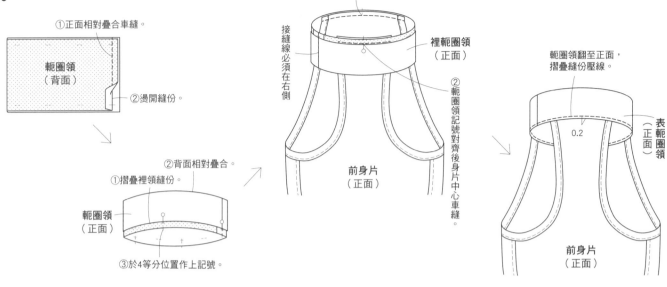

①正面相對疊合車縫。

軛圈領（背面）

②燙開縫份。

②背面相對疊合。
①摺疊裡領縫份。

軛圈領（正面）

③於4等分位置作上記號。

①軛圈領記號對齊前身片中心車縫。

接縫線必須在右側

裡軛圈領（正面）

②軛圈領記號對齊後身片中心車縫。

前身片（正面）

軛圈領翻至正面，摺疊縫份壓線。

0.2

表軛圈領（正面）

前身片（正面）

〈連身裙〉

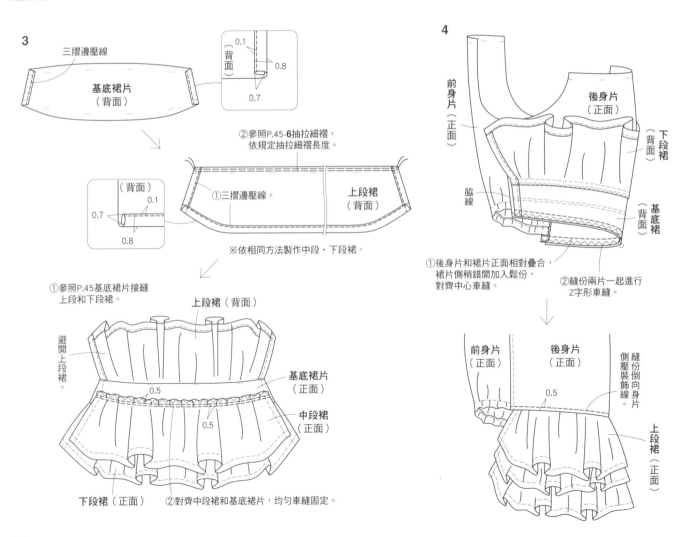

3

三摺邊壓線

基底裙片（背面）

（背面）
0.1
0.8
0.7

②參照P.45-**6**抽拉細褶，依規定抽拉細褶長度。

（背面）
0.1
0.7
0.8

①三摺邊壓線。

上段裙（背面）

※依相同方法製作中段・下段裙。

①參照P.45基底裙片接縫上段和下段裙。

避開上段裙。

上段裙（背面）

基底裙片（正面）

0.5

0.5

中段裙（正面）

下段裙（正面）

②對齊中段裙和基底裙片，均勻車縫固定。

4

前身片（正面）

後身片（正面）

下段裙（背面）

脇線

基底裙（背面）

①後身片和裙片正面相對疊合，裙片側稍錯開加入鬆份，對齊中心車縫。

②縫份兩片一起進行Z字形車縫。

前身片（正面）

後身片（正面）

0.5

縫份倒向身片

側壓裝飾線。

上段裙（正面）

O

法國鬥牛犬專用 連身衣

原寸紙型 **C面**

完成尺寸（cm）

法國鬥牛犬	頸圍	胸寬	衣長
S	36	55	29
M	38.5	60	31
L	43.5	64.5	33

※衣長尺寸為背長尺寸。

材料（cm）

● 身片布　素面裡短毛布（米色）

法國鬥牛犬	寬165cm	S 55	M 55	L 60

● 羅紋布　北歐風針織布（米色）

法國鬥牛犬	寬110cm	S 10	M 10	L 10

※請參照下頁表格，裁剪各部位。

● 其他　● 1.2cm寬止伸襯布條 25cm
　　　　● 鬆緊帶（0.4cm）80cm
　　　　● 7cm寬假皮草毛球 1個
　　　　● 1.2cm暗扣 1組

裁布圖

＊在 ☐ 的背面貼上止伸襯布條。
＊除指定處之外，縫份皆為1cm。
＊使用花紋布時，請在褲子作剪接片。
◆＝代表各尺寸用量請參考裁剪一覽表

〈身片布/褲子沒有剪接的裁布圖〉

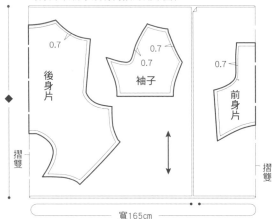

〈身片布/褲子有剪接的裁布圖〉

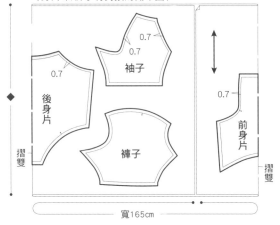

〈褲子沒有剪接時〉

〈褲子有剪接時〉

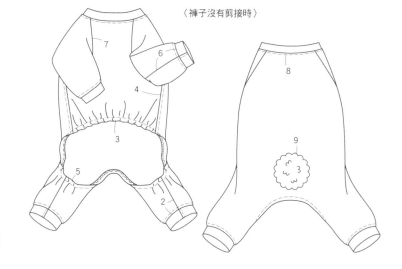

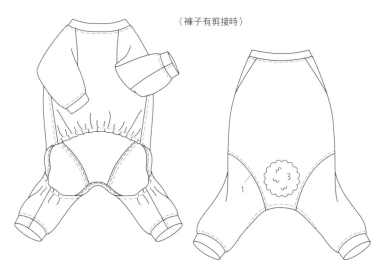

🐾 羅紋布各尺寸（cm）

法國鬥牛犬	領圍	袖口	腳圍
S	27 × 7	13 × 7	13.5 × 7
M	29 × 8	14 × 8	14 × 8
L	33 × 8	14 × 8	15 × 8

🐾 製作方法

縫製前的準備

● 身片前後中心作上合印記號。
● 後身片領圍貼上止伸襯布條。
● 前身片下襬進行Z字形車縫。

1 後身片接縫褲子（有剪接時）。
2 腳圍接縫羅紋布，車縫股下。
3 車縫前身片下襬，穿過鬆緊帶。
4 車縫身片脇邊。

5 車縫脇邊到臀周圍線，穿過鬆緊帶。
6 袖口接縫羅紋，車縫袖下。
7 身片接縫袖子（參照P.37）。
8 領圍接縫羅紋布（參照P.36）。
9 車縫裝飾物。

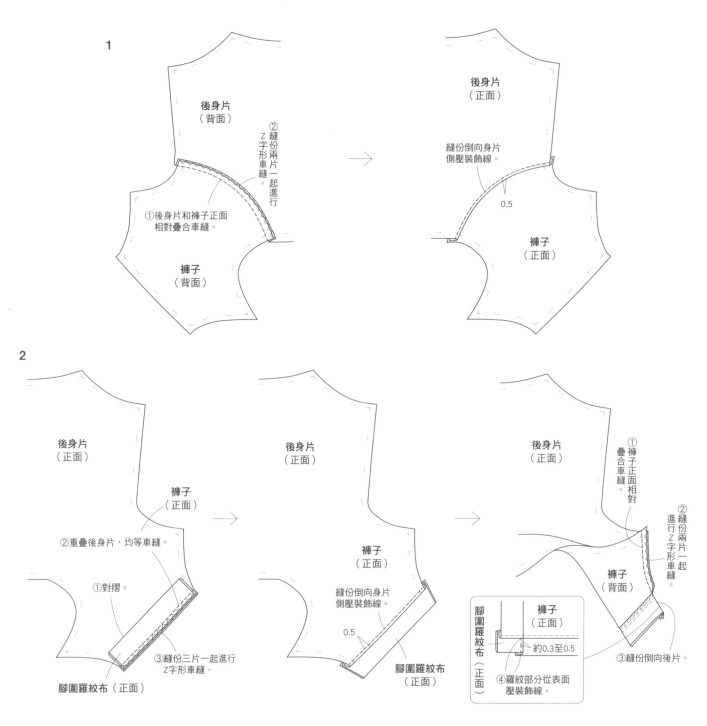

1

後身片（背面）

②Z字形車縫。
②縫份兩片一起進行。

①後身片和褲子正面相對疊合車縫。

褲子（背面）

後身片（正面）

縫份倒向身片側壓裝飾線。

0.5

褲子（正面）

2

後身片（正面）

褲子（正面）

②重疊後身片，均等車縫。

①對摺。

③縫份三片一起進行Z字形車縫。

腳圍羅紋布（正面）

後身片（正面）

褲子（正面）

縫份倒向身片側壓裝飾線。

0.5

腳圍羅紋布（正面）

後身片（正面）

①褲子正面相對疊合車縫。

②縫份兩片一起進行Z字形車縫。

褲子（背面）

③縫份倒向後片。

腳圍羅紋布（正面）

褲子（正面）

約0.3至0.5

④羅紋部分從表面壓裝飾線。

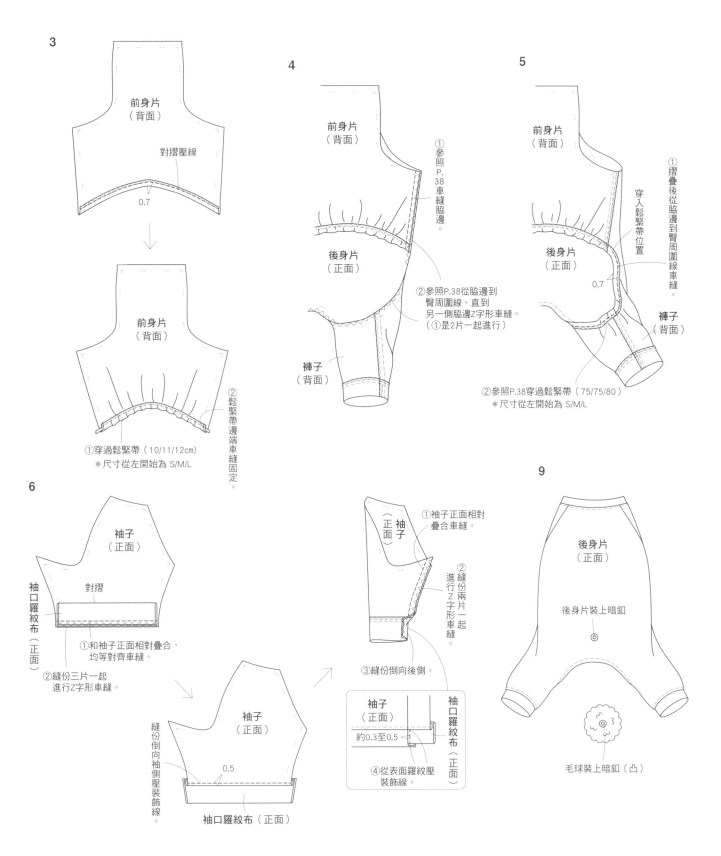

3

前身片
（背面）

對摺壓線

0.7

↓

前身片
（背面）

②鬆緊帶邊端車縫固定。

①穿過鬆緊帶（10/11/12cm）
＊尺寸從左開始為 S/M/L

4

前身片
（背面）

後身片
（正面）

褲子
（背面）

①參照P.38車縫脇邊。

②參照P.38從脇邊到臀周圍線、直到另一側脇邊Z字形車縫。（①是2片一起進行）

5

前身片
（背面）

後身片
（正面）

0.7

褲子
（背面）

①摺疊後從脇邊到臀周圍線車縫。

穿入鬆緊帶位置

②參照P.38穿過鬆緊帶（75/75/80）
＊尺寸從左開始為 S/M/L

6

袖子
（正面）

對摺

袖口羅紋布
（正面）

①和袖子正面相對疊合，均等對齊車縫。

②縫份三片一起進行Z字形車縫。

↓

袖子
（正面）

0.5

縫份倒向袖側壓裝飾線。

袖口羅紋布（正面）

↑

正面 袖子 正面

①袖子正面相對疊合車縫。

②縫份兩片一起進行Z字形車縫。

③縫份倒向後側。

袖子
（正面）

約0.3至0.5

袖口羅紋布
（正面）

④從表面羅紋壓裝飾線。

9

後身片
（正面）

後身片裝上暗釦

毛球裝上暗釦（凸）

P

Photo …P. 19

義大利格雷伊獵犬
專用連身衣

原寸紙型 D面

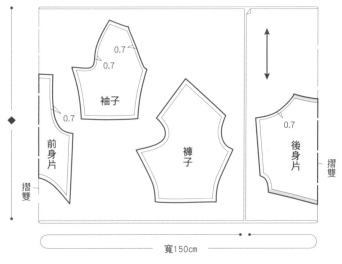

完成尺寸（cm）

義大利格雷伊獵犬	頸圍	胸寬	衣長
S	27	44	35
M	28	47	37.5
L	31	51.5	41

※衣長尺寸為背長尺寸。

材料（cm）

● 身片布　40/20裡毛短毛布 丹寧布水滴圖案（水藍色）

義大利格雷伊獵犬	寬150cm	S 50	M 55	L 60

● 羅紋布　30/花灰針織雙面布2（紅）

義大利格雷伊獵犬	寬48（w）cm	S 25	M 25	L 25

※參考右頁的尺寸表，裁剪各部分。

● 其他　● 1.2cm止伸襯布條 50cm

　　　　● 鬆緊帶（0.4cm）

　　　　SSS～SS 50cm／S～M 55cm／L～LL 65cm

裁布圖

＊在 □ 的背面貼上止伸襯布條。

＊除指定處之外，縫份皆為1cm

◆＝代表各尺寸用量請參考裁剪一覽表

〈身片布〉

前身片　袖子　褲子　後身片

0.7　0.7　0.7　0.7

摺雙　摺雙　◆

寬150cm

〈羅紋布〉

袖口羅紋布　腳圍羅紋布　領圍羅紋布

下襬羅紋布

直接裁剪

25cm　摺雙

筒狀裁剪打開

寬96cm

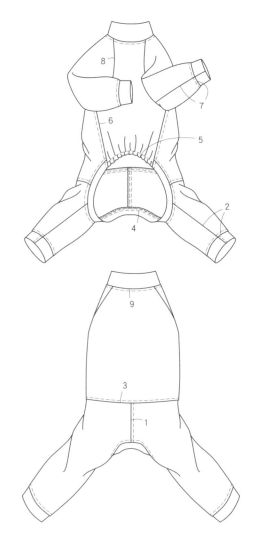

🐾 羅紋布各尺寸（cm）

義大利格雷伊獵犬	領圍	袖口（2片）	腳圍（2片）	下襬
S	22 × 18	11 × 8	12 × 8	31 × 4.5
M	23 × 19	12 × 8	13 × 8	34 × 4.5
L	25 × 20	13 × 9	14 × 9	36 × 4.5

🐾 製作方法

縫製前的準備

● 後身片領圍、下襬貼上止伸襯布條。
● 下襬羅紋布中心作上合印記號。
● 前身片下襬Z字形車縫。

1 車縫褲子後中心（參照P.48-**6**）。
2 腳圍接縫羅布，車縫股下（參照P.64-**2**）。
3 身片接縫褲子。
4 從脇邊到臀周圍接縫下襬羅紋布。
5 車縫前身片下襬，穿過鬆緊帶。
6 車縫身片脇邊。
7 袖口接縫羅布，車縫袖下（參照P.65-6）。
8 身片接縫袖子（參照P.37）。
9 領圍接縫羅紋布（參照P.36）。

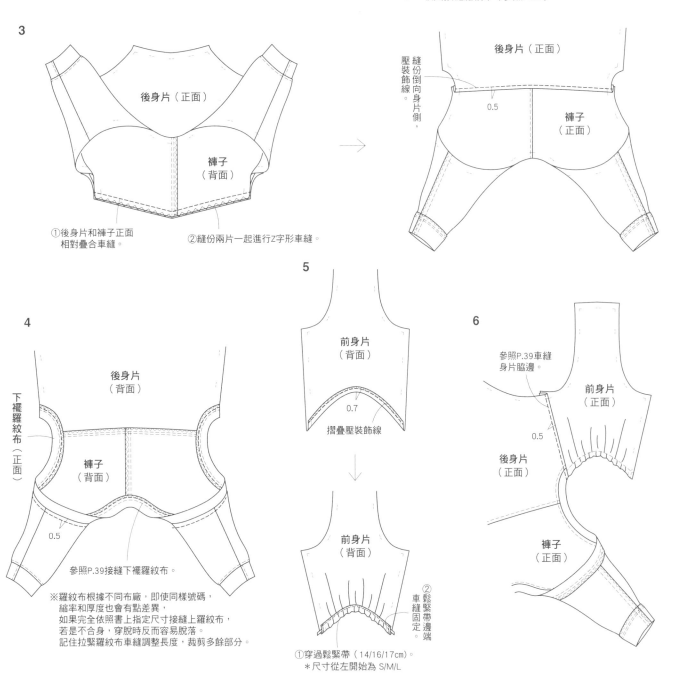

3

後身片（正面）
褲子（背面）

①後身片和褲子正面相對疊合車縫。
②縫份兩片一起進行Z字形車縫。

後身片（正面）
縫份倒向身片側，壓裝飾線
0.5
褲子（正面）

4

後身片（背面）
下襬羅紋布（正面）
褲子（背面）
0.5
參照P.39接縫下襬羅紋布。

※羅紋布根據不同布廠，即使同樣號碼，
縮率和厚度也會有點差異，
如果完全依照書上指定尺寸接縫上羅紋布，
若是不合身，穿脫時反而容易脫落。
記住拉緊羅紋布車縫調整長度，裁剪多餘部分。

5

前身片（背面）
0.7
摺疊壓裝飾線

前身片（背面）
②鬆緊帶邊端車縫固定
①穿過鬆緊帶（14/16/17cm）。
＊尺寸從左開始為 S/M/L

6

參照P.39車縫身片脇邊。
前身片（正面）
0.5
後身片（正面）
褲子（正面）

R

Photo … P. 22

活褶大衣

原寸紙型 **C面**

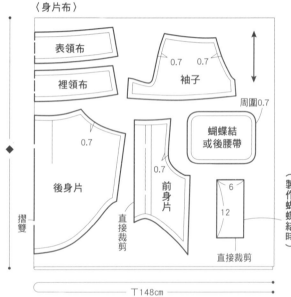

☘ 完成尺寸（cm）

小型犬	頸圍	胸寬	衣長
SSS	26.5	35.5	21.5
SS	29	39	24.5
S	30.5	43	26.5
M	32	46	28
L	33	50.5	31
LL	35	55	33.5

☘ 材料（cm）

● 身片布　羊毛布（10米白布）

小型犬	寬148cm	SSS 50	SS 50	S 55	M 55	L 65	LL 65

● 滾邊布　薄棉布

小型犬	寬110cm	SSS 45	SS 45	S 55	M 55	L 60	LL 65

● 其他　● 直徑1.3cm 暗釦　SSS～S 4組／M～LL 5組
　　　　● 寬2cm 蝴蝶結1個

〈身片布〉

裁布圖

＊除指定處之外，縫份皆為1cm。
＊後身片裝飾布，依據自己喜好選擇蝴蝶結或是腰帶。
◆＝代表各尺寸用量請參考裁剪一覽表

表領布
裡領布
袖子　0.7　0.7
周圍0.7
蝴蝶結或後腰帶
蝴蝶結固定布（製作蝴蝶結時）
後身片　0.7
前身片　0.7
直接裁剪
6　12
直接裁剪
摺雙
◆
Ｔ148cm

1

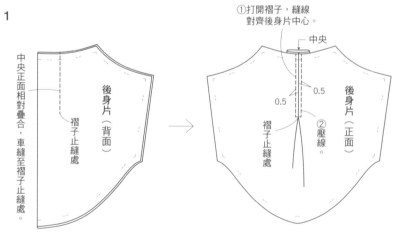

①打開褶子，縫線對齊後身片中心。

中央
中央正面相對疊合，車縫至褶子止縫處。
褶子止縫處
後身片（背面）
→
後身片（正面）
0.5
0.5
褶子止縫處
②壓線。

3

②粗針目車縫，依照指示尺寸抽拉細褶。

0.5
0.3
（正面）

袖子（背面）

①摺疊壓裝飾線。
0.7
③參照P.51-4①至③製作袖子。

😺 滾邊布尺寸（cm）

小型犬	下襬
SSS	50 × 3
SS	53 × 3
S	60 × 3
M	65 × 3
L	69 × 3
LL	75 × 3

※斜布紋裁剪（直接裁剪）。

😺 製作方法

縫製前的準備　●前端線、袖口Z字形車縫。

1　車縫後身片褶子。
2　車縫身片脇邊（參照P.35）。
3・4　車縫袖口，製作袖子。
5　接縫袖子（參照P.53）。

6　下襬車縫滾邊（參照P.71-10）。
7　製作領子，接縫身片。
8　製作蝴蝶結或是腰帶。
9　身片裝上釦子、蝴蝶結。

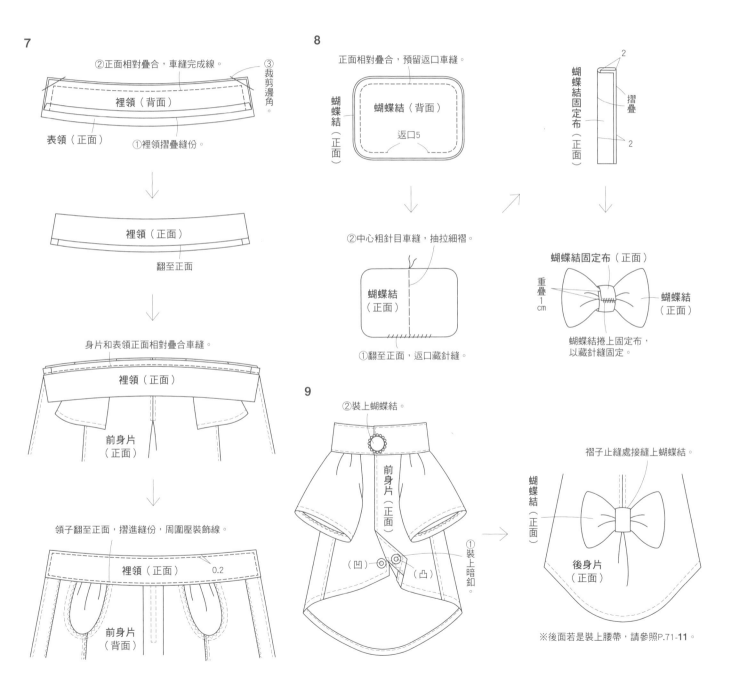

海軍風外套

原寸紙型 B面

完成尺寸（cm）

小型犬	頸圍	胸寬	衣長
SSS	23	35.5	22.5
SS	26	39	25
S	28.5	43.5	27.5
M	30.5	47	29.5
L	33	51.5	32.5
LL	35	56	35

材料（cm）

●身片布　羊毛布（23摩卡/紫色）

小型犬	寬148cm	SSS 60	SS 60	S 65	M 65	L 75	LL 75

●滾邊布　薄棉布

小型犬	寬110cm	SSS 40	SS 40	S 50	M 50	L 55	LL 60

●其他　●釦子（老鷹圖案/復古金色）直徑1.5cm 6個　直徑2.1cm 4個
　　　　●直徑1.2cm 暗釦　SSS～L 5組／LL 6組

〈身片布〉

表領
裡領　0.8
接縫側
☆　★　0.7　袖釦絆
0.7
0.7　袖子
後身片　0.7
前身片　0.7
直接裁剪
後釦絆　周圍0.7　■
摺雙
寬148cm

裁布圖

＊除指定處之外，縫份皆為1cm
＊尺寸從左開始為SSS/SS/S/M/L/LL
◆＝代表各尺寸用量請參考裁剪一覽表

☆＝9/10/10.8/11.7/13/14
★＝3.5/4/4.3/4.5/4.7/5
□＝9.3/10.4/11.5/12.2/13/14
■＝4/4.5/4.8/5/5.6/6

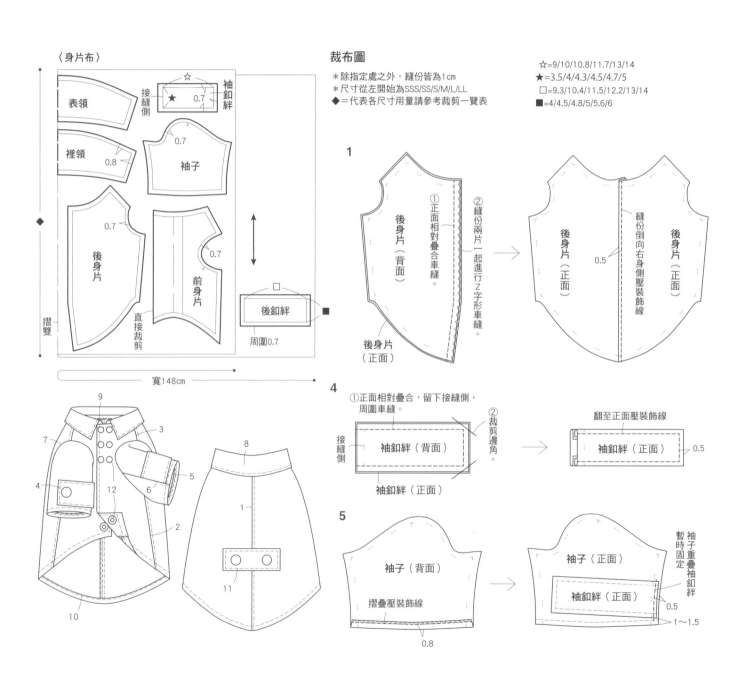

1
後身片（背面）
①正面相對疊合車縫。
②縫份兩片一起進行Z字形車縫。
後身片（正面）
後身片（正面）　0.5　後身片（正面）
縫份倒向右身側壓裝飾線

4
①正面相對疊合，留下接縫側，周圍車縫。
接縫側
袖釦絆（背面）
袖釦絆（正面）
②裁剪邊角。
翻至正面壓裝飾線
袖釦絆（正面）　0.5

5
袖子（背面）
摺疊壓裝飾線
0.8
袖子（正面）
袖釦絆（正面）
暫時固定　袖子重疊袖釦絆
0.5
1～1.5

9
3
7
5
4
12　6
2
10
8
1
11

😺 滾邊布各尺寸（cm）

小型犬	領圍	下襬
SSS	26 × 3	42 × 3
SS	29 × 3	47 × 3
S	33 × 3	53 × 3
M	35 × 3	57 × 3
L	39 × 3	62 × 3
LL	41 × 3	69 × 3

※裁剪滾邊布（直接裁剪）。

😺 製作方法

| 縫製前的準備 | ●前端線、袖口進行Z字形車縫。 |

1 車縫後身片中心。
2・3 車縫身片脇邊、肩線（參照P.35）。
4 製作袖釦絆。
5 車縫袖口、接縫袖釦絆。
6 製作袖子。

7 接縫袖子（參照P.37）。
8 製作領子。
9 身片接縫領子，領圍車縫滾邊。
10 下襬車縫滾邊。
11・12 製作後釦絆、裝上釦子。

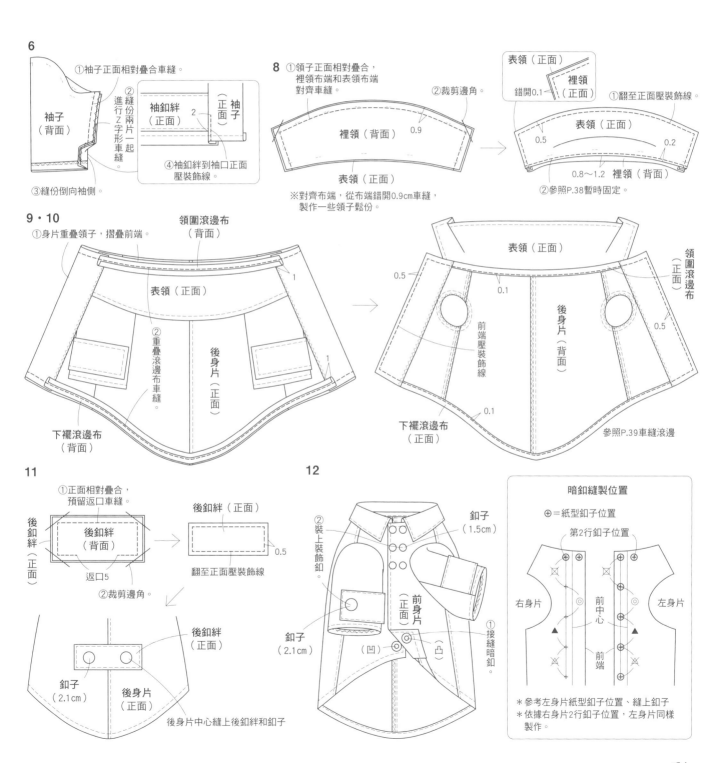

71

牛角釦外套

原寸紙型 C面

完成尺寸（cm）

小型犬	頸圍	胸寬	衣長
SSS	25	36	23
SS	28	39.5	26
S	31	44	27.5
M	32.5	47	30.5
L	36	52.5	32.5
LL	37.5	56.5	34.5

材料（cm）

●身片布　羊毛布（06茶色/黃色）

小型犬	寬148cm	SSS 55	SS 55	S 65	M 65	L 75	LL 75

※SSS至S尺寸比較適合中厚度布料。

●滾邊布　薄棉布

小型犬	寬110cm	SSS 40	SS 40	S 50	M 50	L 55	LL 60

●其他　●皮革風釦子 有釦腳（茶色）
　SSS・SS直徑1.5cm 2個、S至LL直徑1.9cm 2個、SSS至LL直徑
　2.1cm 2個、直徑2.3cm 2個
●暗釦
　SSS至S直徑1.2cm 4組/M至L直徑1.5cm 4組/LL直徑1.5cm 5組
●尼龍牛角釦（茶色）寬4cm 2個
●0.6cm繩帶 SSS～M 65cm、L・LL 75cm

〈身片布〉

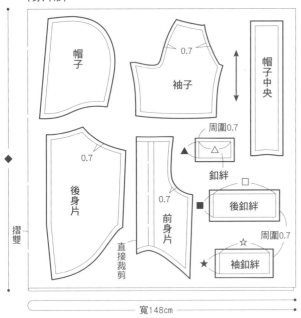

裁布圖

＊除指定處之外，縫份皆為1cm
＊尺寸從左開始為SSS/SS/S/M/L/LL
◆＝代表各尺寸用量請參考裁剪一覽表

☆＝9/10/10.8/11.7/13/14
★＝3.5/4/4.3/4.5/4.7/5
□＝9.3/10.4/11.5/12.2/13/14
■＝4/4.5/4.8/5/5.6/6
△＝6/6.5/7/7.4/8.2/8.6
▲＝3/3.3/3.3/3.5/4/4.2

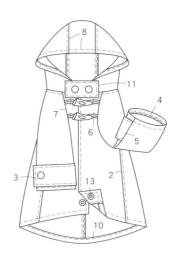

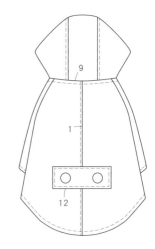

6

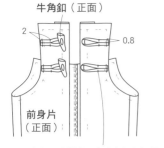

參考圖片暫時固定牛角釦和釦繩

牛角釦縫製方法

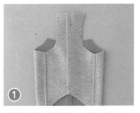

① 摺疊前身片前端，重疊前中心
以珠針固定。

② 穿過繩子對摺後，釦子中心對
齊前中心以珠針固定。

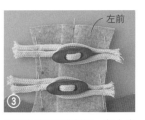

③ 左前身側繩子對摺後，釦上步
驟②釦子以珠針固定車縫。

滾邊布尺寸（cm）

小型犬	帽圍	領圍	下襬
SSS	36 × 3	27 × 3	43 × 3
SS	40 × 3	31 × 3	47 × 3
S	43 × 3	33 × 3	52 × 3
M	46 × 3	35.5 × 3	56 × 3
L	50 × 3	39 × 3	61 × 3
LL	53 × 3	40 × 3	64 × 3

※裁剪滾邊布（直接裁剪）

製作方法

縫製前的準備　●前端線、袖口進行Z字形車縫。

1 車縫後身片中心（參照P.70-1）。
2 車縫身片脇邊（參照P.35）。
3 製作袖釦絆（參照P.70-4）。
4・5 車縫袖口、接縫袖釦絆。
　　製作袖子（參照P.70-5、P.71-6）。
6 暫時固定牛角釦。
7 接縫袖子（參照P.37）。

8 製作帽子。
9 身片接縫帽子，領圍車縫滾邊。
10 下襬車縫滾邊（參照P.71）。
11 製作釦固定布。
12 製作後釦絆（參照P.71）。
13 裝上釦子。

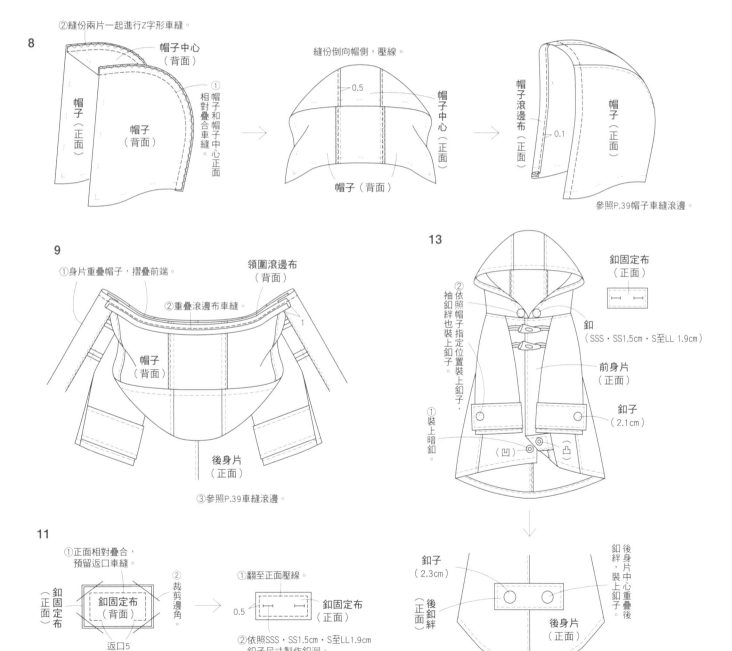

73

連帽鋪棉背心

原寸紙型
小型犬　B面
小臘腸　D面

完成尺寸（cm）

小型犬	頸圍	胸寬	衣長
SSS	25	39.5	24
SS	26.5	44	26.5
S	30	48	28.5
M	32	51.5	30.5
L	34.5	56.5	33
LL	36.5	61	35

小臘腸	頸圍	胸寬	衣長
DS	29	48.5	34.5
DM	32	53.5	38
DL	34.5	57.5	41.5

材料（cm）

●身片布〈男生〉　尼龍高密度輕量布（素面）POLY

小型犬	寬122cm	SSS 65	SS 65	S 70	M 70	L 75	LL 75
小臘腸	寬122cm			DS 70	DM 75	DL 80	

●身片布〈女生〉　LIBERTY JAPAN Tana Lawn

小型犬	寬108cm	SSS 65	SS 65	S 70	M 70	L 75	LL 75
小臘腸	寬108cm			DS 70	DM 75	DL 80	

●裡布　厚實短毛布〈男生〉深藍色/〈女生〉粉紅色

小型犬	寬145cm	SSS 65	SS 65	S 70	M 70	L 75	LL 75
小臘腸	寬145cm			DS 70	DM 75	DL 80	

●滾邊布　針織雙面布
〈男生〉紅色/〈女生〉紫色

小型犬	寬45cm（w）	SSS 20	SS 20	S 20	M 20	L 20	LL 20
小臘腸	寬45cm（w）			DS 20	DM 20	DL 20	

※參考右頁的尺寸表，裁剪各部分。

●其他　●鋪棉（寬90cm）　SSS～S 35cm／S～M 45cm／L～LL 50cm
●黏著襯　SSS～S 5×25cm／S～M 5×30cm／L～LL 5×35cm
●直徑1.3cm暗鈕　SSS～M 4組／L～LL 5組
●自己喜歡的徽章（男生）

裁布圖

＊在 ▨ 的背面貼上黏著襯。
＊除指定處之外，縫份皆為1cm
※除了LL・DL尺寸以外，帽子至中心的
　滾邊布約20cm，其他照剩餘尺寸連接
　（滾邊布連接方法參照P.43）
◆＝代表各尺寸用量請參考裁剪一覽表

〈身片・布裡布〉

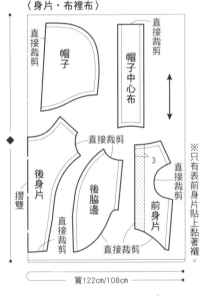

〈鋪棉〉

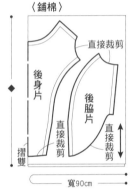

寬90cm

帽子至中心的滾邊布
（只有 LL・DL尺寸・1片）

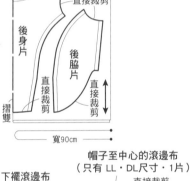

寬90cm
只有 LL・DL尺寸單側0.5

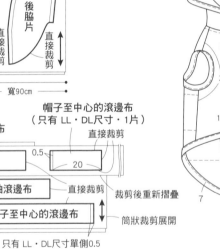

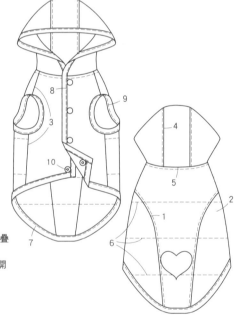

1

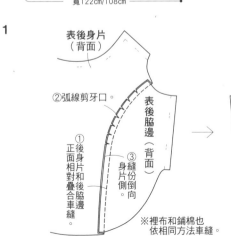

2

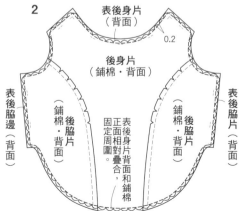

🐾 滾邊布各尺寸（cm）

小型犬	下襬	帽子至中心	袖襱（2片）
SSS	38 × 4.5	63 × 4.5	15 × 4.5
SS	41 × 4.5	70 × 4.5	16 × 4.5
S	46 × 4.5	76 × 4.5	18 × 4.5
M	48 × 4.5	83 × 4.5	20 × 4.5
L	53 × 4.5	87 × 4.5	21 × 4.5
LL	56 × 4.5	92 × 4.5	23 × 4.5

小臘腸	下襬	帽子至中心	袖襱（2片）
DS	48 × 4.5	81 × 4.5	20 × 4.5
DM	53 × 4.5	86 × 4.5	22 × 4.5
DL	56 × 4.5	95 × 4.5	24 × 4.5

🐾 製作方法

縫製前的準備

●前端背面貼上黏著襯。
●後身片、帽子中心、下襬・帽子至中心滾邊布中心作上記號。

1　車縫後身片剪接片。
2　後身片接縫鋪棉。
3　車縫身片脇邊、肩線。
4・5　製作帽子、接縫身片。
6　表、裡身片對齊，壓裝飾線。
7　下襬車縫滾邊。
8　前端至帽子車縫滾邊。
9　袖襱車縫滾邊。
10　裝上釦子。

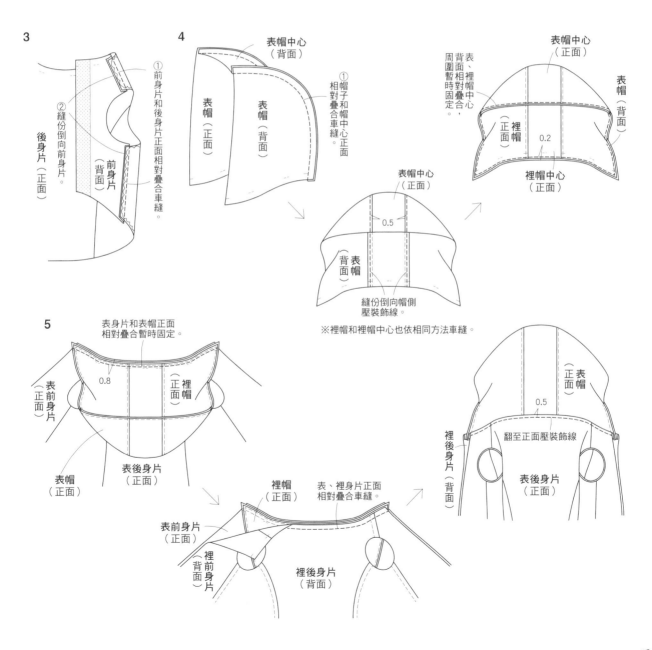

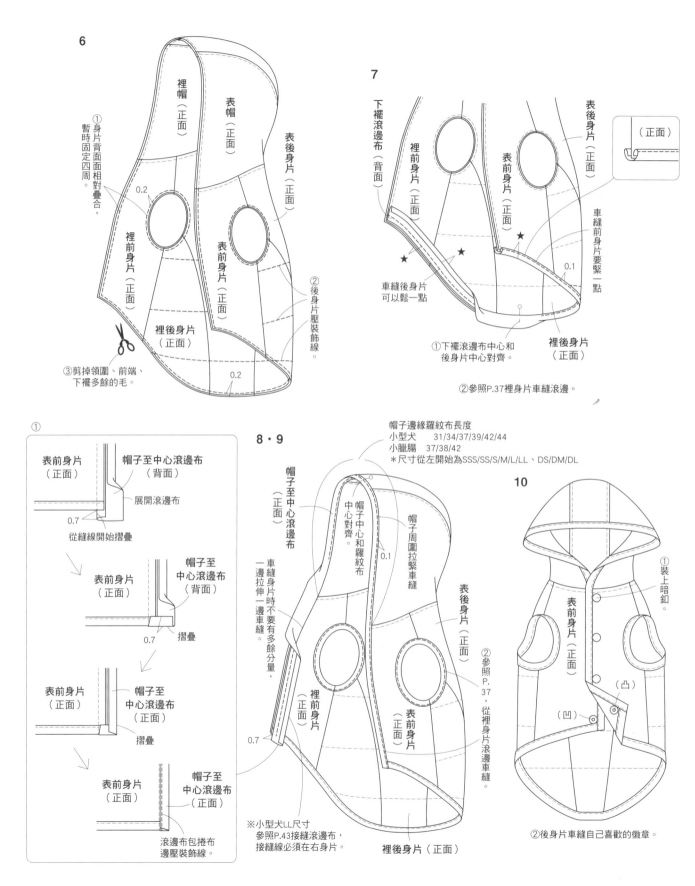

6

裡帽（正面）

表帽（正面）

表後身片（正面）

①身片背面面相對疊合，暫時固定四周。

0.2

裡前身片（正面）

表前身片（正面）

②後身片壓裝飾線。

裡後身片（正面）

✂

③剪掉領圍、前端、下襬多餘的毛。

0.2

7

下襬滾邊布（背面）

裡前身片（正面）

表後身片（正面）

表前身片（正面）

（正面）

★ ★

車縫後身片可以鬆一點

車縫前身片要緊一點

0.1

①下襬滾邊布中心和後身片中心對齊。

裡後身片（正面）

②參照P.37裡身片車縫滾邊。

①

表前身片（正面）

帽子至中心滾邊布（背面）

展開滾邊布

0.7

從縫線開始摺疊

表前身片（正面）

帽子至中心滾邊布（背面）

0.7 摺疊

表前身片（正面）

帽子至中心滾邊布（正面）

摺疊

表前身片（正面）

帽子至中心滾邊布（正面）

滾邊布包捲布邊壓裝飾線。

8・9

帽子邊緣羅紋布長度
小型犬　31/34/37/39/42/44
小臘腸　37/38/42
＊尺寸從左開始為SSS/SS/S/M/L/LL、DS/DM/DL

帽子至中心滾邊布（正面）

帽子中心和羅紋布中心對齊。

帽子周圍拉緊車縫

0.1

車縫身片時不要有多餘分量，一邊拉伸一邊車縫。

表後身片（正面）

裡前身片（正面）

表前身片（正面）

②參照P.37，從裡身片滾邊車縫。

0.7

※小型犬LL尺寸參照P.43接縫滾邊布，接縫線必須在右身片。

裡後身片（正面）

10

①裝上暗釦。

表前身片（正面）

（凸）

（凹）

②參照P.37，從裡身片滾邊車縫。

②後身片車縫自己喜歡的徽章。

旅行&緊急用托特包

😺 完成尺寸（cm）
　　約長35.5×寬38 cm 側幅15cm

😺 材料（cm）
　　●表本體·表把手布
　　　防水棉布
　　　寬107cm×60cm
　　●裡本體·裡把手·內口袋布
　　　防潑水尼龍布（皺褶加工）（深藍色）
　　　寬133cm×60cm
　　●其他
　　　黏著襯10×5cm
　　　直徑1.8cm 磁釦 1對
　　　底板38×15cm 1片
　　　自己喜歡的徽章1片

😺 製作方法

| 縫製前的準備 | ●參考裁布圖，裡本體貼上黏著襯。 |

1　製作把手，表本體和把手及徽章車縫固定。
2　裡本體車縫內口袋、裝上磁釦。
3·4　表本體、裡本體脇邊各自車縫。
5　車縫側幅。
6　對齊表、裡本體對齊，車縫入口。

裁布圖

＊在 ▨ 的背面貼上黏著襯。
＊除指定處之外，縫份皆為1cm。

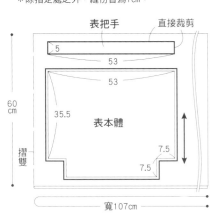

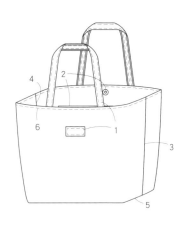

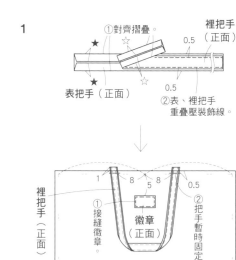

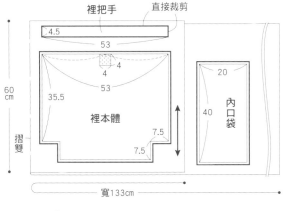

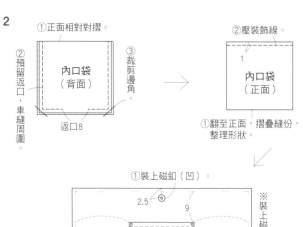

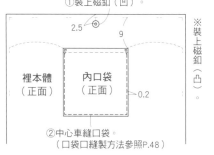

後續作法請見P.79

U

拾便包

🐾 完成尺寸（cm）

約長15.5×寬15.5cm 側寬約15.5cm

🐾 材料（cm）

● 表本體布‧把手布
霧面壓縮布料
寬100cm×25cm
● 裡本體布
加碳除臭加工布料S-3種類
寬105cm×25cm
● 口布
壓縮布料（白色）
寬105cm×10cm
● 其他
寬2.5cm D環
寬2.cm 問號鉤
寬1.5cm×長15cm 口金1個
寬2.5cm PP織帶10cm

🐾 製作方法

1 製作口布，接縫表本體。
2 表、裡本體疊合車縫入口處。
3 表本體接縫織帶。
4 表、裡本體疊合車縫脇邊與底部，放入口金。
5 製作把手。

裁布圖

＊除指定處之外，縫份皆為1cm

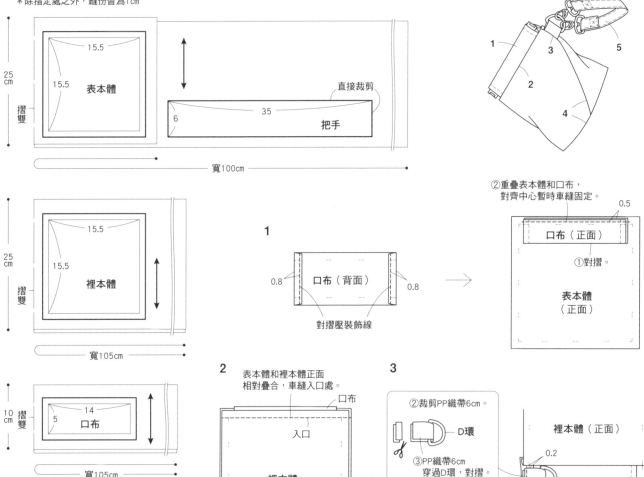

1

口布（背面）
0.8　　0.8
對摺壓裝飾線

②重疊表本體和口布，
對齊中心暫時車縫固定。
0.5
口布（正面）
①對摺。
表本體
（正面）

25cm
摺雙
15.5
15.5
表本體
寬100cm
直接裁剪
6　　35
把手

25cm
摺雙
15.5
15.5
裡本體
寬105cm

10cm 摺雙
14
5
口布
寬105cm

2

表本體和裡本體正面
相對疊合，車縫入口處。
口布
入口
裡本體
（背面）
表本體（正面）

※依同樣作法再製作1組。

3

②裁剪PP織帶6cm。
D環
③PP織帶6cm
穿過D環，對摺。
④重疊表本體，
暫時車縫固定。

裡本體（正面）
0.2
0.5
表本體（正面）
①縫份倒向裡本體。

※只有2的1組需要裝上。

1
2
3
5
4

4

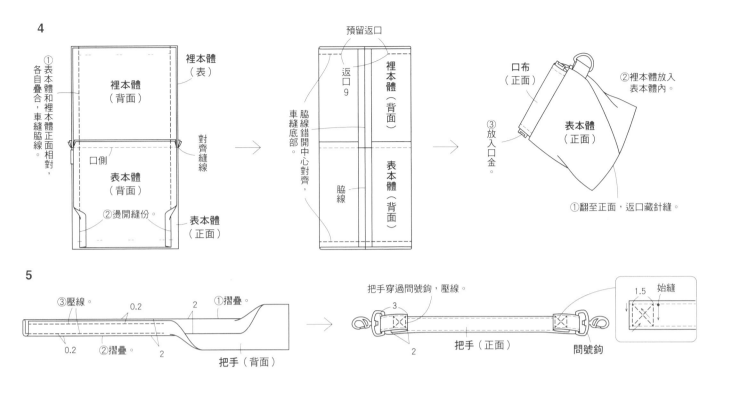

①表本體和裡本體正面相對，各自疊合，車縫脇線。

裡本體（表）

裡本體（背面）

口側

表本體（背面）

②燙開縫份。

對齊縫線

表本體（正面）

預留返口

返口9

脇線錯開中心對齊，車縫底部，

裡本體（背面）

表本體（背面）

脇線

口布（正面）

②裡本體放入表本體內。

③放入口金。

表本體（正面）

①翻至正面，返口藏針縫。

5

③壓線。

0.2

2

①摺疊

0.2

②摺疊。

2

把手（背面）

把手穿過問號鉤，壓線。

3

2

把手（正面）

問號鉤

1.5

始縫

P.77　作品V 旅行&緊急用托特包

4

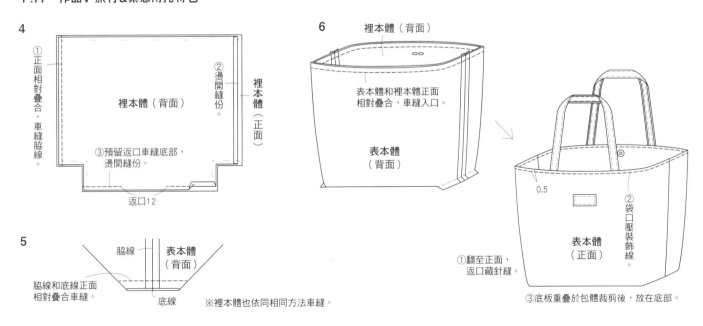

①正面相對疊合，車縫脇線。

裡本體（背面）

②燙開縫份。

裡本體（正面）

③預留返口車縫底部，燙開縫份。

返口12

5

脇線

表本體（背面）

脇線和底線正面相對疊合車縫。

底線

※裡本體也依同相同方法車縫。

6

裡本體（背面）

表本體和裡本體正面相對疊合，車縫入口。

表本體（背面）

0.5

①翻至正面，返口藏針縫。

②袋口壓裝飾線。

表本體（正面）

③底板重疊於包體裁剪後，放在底部。

pon's mom
山本真寿美

2010年成立訂製專門店，2011年成立寵物犬服裝
教室「pon's mom」，現在教室學生已超過百人。
精心研究不同體型種類的狗狗，製作出符合各犬
種的紙型，穿起來既舒服又有型，非常有人氣。

@ponmama2824

Staff
企劃・編輯／中村真希子
封面設計／平木千草
攝影／清水奈緒
　　　有馬貴子・岡 利惠子（本社寫真編輯部）
紙型・製作方法解說／飯沼千晶
校閱／滄流社
編輯擔當／山地 翠

Special thanks
小物設計・製作／永瀬さやか
製作・攝影協力／「pon's mom」的各位學生們

國家圖書館出版品預行編目資料

商用販售OK！為狗寶貝打造22款時尚造型/山本真寿美
著; 洪鈺惠譯. -- 初版. – 新北市：雅書堂文化, 2023.11
　面；　公分. -- (FUN手作; 150)
ISBN 978-986-302-687-7 (平裝)

1.犬 2.縫紉 3.衣飾 4.手工藝

426.3　　　　　　　　　　　　　112015101

【Fun手作】150

商用販售OK！
為狗寶貝打造22款時尚造型
....

作　　　　者／山本真寿美
譯　　　　者／洪鈺惠
發　行　人／詹慶和
執 行 編 輯／劉蕙寧
編　　　　輯／黃璟安・陳姿伶・詹凱雲
執 行 美 編／陳麗娜
美 術 編 輯／韓欣恬・周盈汝
內 頁 排 版／造極
出　版　者／雅書堂文化事業有限公司
發　行　者／雅書堂文化事業有限公司
郵政劃撥帳號／18225950
戶　　　　名／雅書堂文化事業有限公司
地　　　　址／220新北市板橋區板新路206號3樓
網　　　　址／www.elegantbooks.com.tw
電 子 郵 件／elegant.books@msa.hinet.net
電　　　　話／(02)8952-4078
傳　　　　真／(02)8952-4084

2023年11月初版一刷　定價480元

SHOYO OK! KAWAII INUNO OYOFUKU by Masumi
Yamamoto
Copyright © Masumi Yamamoto, 2022
All rights reserved.
Original Japanese edition published by SHUFU TO
SEIKATSU SHA CO.,LTD.
Traditional Chinese translation copyright © 2023 by Elegant
Books Cultural Enterprise Co., Ltd.
This Traditional Chinese edition published by arrangement
with SHUFU TO SEIKATSU SHA CO.,LTD.,
Tokyo, through Office Sakai and Keio Cultural Enterprise Co.,
Ltd.

經銷／易可數位行銷股份有限公司
地址／新北市新店區寶橋路235 巷6 弄3 號5 樓
電話／ (02)8911-0825
傳真／ (02)8911-0801